Michael Nagel
Christian Mieke

Strategie

Michael Nagel
Christian Mieke

STRATEGIE

Die wichtigsten Methoden

2., bearbeitete Auflage

UVK Verlagsgesellschaft mbH
Konstanz und München

Prof. Dr. phil. Michael Nagel, MBA, ist Professor in der Fakultät Wirtschaft an der Dualen Hochschule Baden-Württemberg in Stuttgart (DHBW) und Leiter des Studiengangs BWL-International Business.

Prof. Dr.-Ing. habil. Christian Mieke ist Inhaber der Professur ABWL, insbesondere Innovationsmanagement im Fachbereich Wirtschaft der Technischen Hochschule Brandenburg.

Bibliografische Information der Deutschen Bibliothek
Die Deutsche Bibliothek verzeichnet diese Publikation in der Deutschen Nationalbibliografie; detaillierte bibliografische Daten sind im Internet über <http://dnb.ddb.de> abrufbar.

ISBN 978-3-86764-750-2 (Print)
ISBN 978-3-7398-0202-2 (EPUB)
ISBN 978-3-7398-0203-9 (EPDF)

Einbandgestaltung: Susanne Fuellhaas, Konstanz
Printed in Germany

UVK Verlagsgesellschaft mbH
Schützenstr. 24 · 78462 Konstanz
Tel. 07531-9053-0 · Fax 07531-9053-98
www.uvk.de

Vorwort

Die Formulierung und Umsetzung von Strategien stellen zentrale Funktionen der Unternehmensführung dar. Ungeachtet dessen wird das volle Potenzial des strategischen Managements in der betrieblichen Praxis oft nur unzureichend genutzt, da sich Entscheider bei zukunftsweisenden Weichenstellungen teilweise eher auf ihr Bauchgefühl, ihre Branchenkenntnis oder ihren unternehmerischen Instinkt verlassen als auf die Ergebnisse systematischer Analysen. Wer mit diesem Vorgehen bislang Erfolg hatte, möge es weiterhin praktizieren. Allen anderen, die nicht über visionäre Kräfte verfügen oder die ihre Entscheidungen zusätzlich fundieren möchten, sei die Nutzung wissenschaftlich abgesicherter und in der betrieblichen Praxis erprobter Hilfsmittel empfohlen. Die entsprechende Literatur zu Instrumenten der Umfeld- und Unternehmensanalyse sowie zu Werkzeugen der Ziel- und Strategiebildung scheint explosionsartig zu wachsen. Dies erschwert möglicherweise die Orientierung, die der vorliegende Band bieten möchte. In diesem haben wir einen Grundstock an Methoden zusammengestellt, der die Erfüllung zentraler Aufgaben der strategischen Unternehmensführung unterstützt. Mitglieder der Geschäftsführung, Leiter von Geschäftsbereichen und Mitarbeiter von Stabs- und Planungsabteilungen erhalten ein kompaktes Nachschlagewerk im Westentaschenformat. In ihm werden zentrale und für die Praxis relevante Methoden kurz und knapp vorgestellt, ihre Zielsetzungen beschrieben, die Anwendungsmöglichkeiten verdeutlicht und die umsetzungsbezogenen Grenzen aufgezeigt. Die berücksichtigten Ansätze werden dabei nicht als Werkzeuge, Instrumente oder Tools, sondern als *betriebswirtschaftliche Methoden* bezeichnet, da diesen die Idee der Planmäßigkeit und der Problem- und Ergebnisorientierung zugrunde liegt.

> Im hier verstandenen Sinne stellen betriebswirtschaftliche Methoden theoretisch fundierte und praktisch erprobte Hilfsmittel dar, die zur Lösung eines in der unternehmerischen Praxis auftretenden leistungswirtschaftlichen Problems beitragen.

Die im Folgenden diskutierten Analyse-, Planungs-, Umsetzungs-, Kontroll- und Veränderungsmethoden wurden primär durch die Wissenschaft und durch Unternehmensberatungen geschaffen und in Unternehmen unterschiedlicher Branchen und Größen erprobt. Sie erfuhren Weiterentwicklungen und dürfen als bewährt gelten. Insofern empfehlen wir sie zur Anwendung. Alle in diesem Band aufgeführten Ansätze entstammen unserem Buch *BWL-Methoden: Handbuch für Studium und Praxis* aus dem UTB-Verlag. In dieser umfangreichen Publikation haben wir etablierte betriebswirtschaftliche Methoden aus den Bereichen Forschung, Entwicklung, Innovationsmanagement, Beschaffung, Logistik, Produktion, Strategie, Organisation und Kontrolle sowie Marketing und Vertrieb gebündelt. Mit der Bereitstellung einer selektiven Methodenauswahl in diesem Band verfolgen wir nicht das Ziel, den Büchermarkt unüberschaubarer werden zu lassen, unsere Publikationslisten zu verlängern oder die Selbstplagiatsdebatte anzuheizen. Unser Anliegen ist vielmehr, Fach- und Führungskräften mit einem klar abgegrenzten Spektrum an Aufgaben und speziellem Interesse am Themenfeld des strategischen Managements eine pragmatische

Möglichkeit des Zugriffs auf bewährte Methoden zu ermöglichen.

Wir hoffen, dass unsere Darstellung der betriebswirtschaftlichen Methoden verständlich und nachvollziehbar ausfällt, dadurch eine Anwendung schnell möglich ist und der erhoffte Nutzen zeitnah eintritt. Wir wünschen allen Leserinnen und Lesern viel Erfolg beim Gebrauch. Herrn Dr. Jürgen Schechler vom UVK-Verlag danken wir herzlich für die Anregung zu diesem Vorhaben und für die gewohnt freundschaftliche und zielorientierte Begleitung.

Stuttgart/Brandenburg a.d.H., im Januar 2017

Michael Nagel & Christian Mieke

Inhaltsverzeichnis

1 Strategische Analyse

Strategien fallen nicht vom Himmel, sondern müssen entwickelt werden.[1] Sie sind wegweisend für die Zukunft eines Unternehmens, da sie beschreiben, was zu tun ist, um ein vorgegebenes Ziel zu erreichen. Wie sollen beispielsweise traditionelle Automobilhersteller angesichts des wachsenden Umweltbewusstseins breiter Bevölkerungsschichten vorgehen, um weiterhin erfolgreich zu sein? Durch welche Strategie kann ein Computerhersteller sinkende Umsätze im Hard- und Softwaregeschäft ausgleichen und den Markt für Unterhaltungselektronik besetzen? Was sollte eine Hochschule tun, um die Organisation langfristig auf Erfolg auszurichten: den Fokus auf industrielle Forschung oder auf herausragende Lehre richten und eher Bachelor- oder Masterstudiengänge anbieten? All diese Fragen verweisen auf Maßnahmen zur Erreichung von Zielen und damit auf die Entwicklung und Veränderung von Unternehmen. Die Definition und Umsetzung möglichst zielgerichteter und koordinierter strategischer Aktivitäten basieren auf einem systematischen Analyse- und Planungsprozess. Im Rahmen dieses Prozesses wird die Ausgangssituation von Unternehmen bestimmt, indem man vor dem Hintergrund der Vision und Mission die Chancen und Risiken des Umfeldes sowie die Stärken und Schwächen des Unternehmens untersucht. Wie in Abbildung 1 dargestellt, bildet die Umfeld- beziehungsweise externe Analyse und die Unternehmens- beziehungsweise interne Analyse das Herzstück der Strategieentwicklung.

---

[1] Zur Kritik an der Vorstellung, dass Strategien Ergebnis eines rational-analytischen Entwicklungsprozesses sind, vergleiche zum Beispiel Mintzberg, Ahlstrand & Lampel (2012).

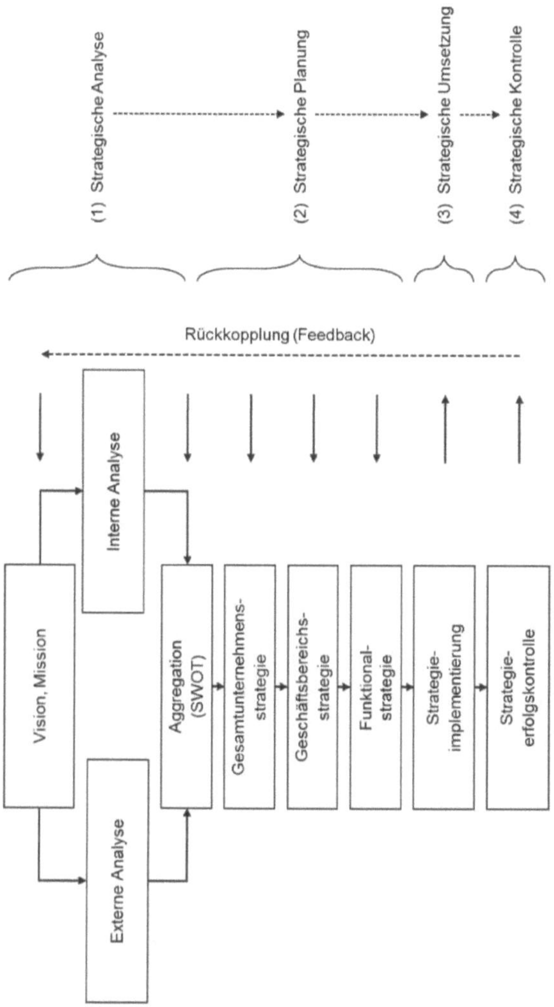

Abbildung 1: Prozess der strategischen Analyse, Planung, Umsetzung und Kontrolle

Die *externe Analyse* verfolgt das Ziel, alle relevanten Umweltbedingungen zu identifizieren, um Produkte, Dienstleistungen und Prozesse eines Unternehmens an die Markt-, Wettbewerbs- und Kundenspezifika anzupassen. Mit Hilfe der im Folgenden diskutierten Umwelt-, Branchenstruktur- oder Wettbewerbsvorteilsanalyse kann man Chancen und Risiken sowie die Position eines Unternehmens im Markt, in der Branche und gegenüber Wettbewerbern und Kunden bestimmen. Welche Bedingungen man dabei als Chance und welche als Risiko klassifiziert, hängt unmittelbar von den internen Stärken und Schwächen eines Unternehmens ab. Stehen einer Organisation beispielsweise umfangreiche personelle und finanzielle Ressourcen zur Verfügung, können gegebenenfalls Umweltrisiken ausgeglichen und existierende Chancen genutzt werden. Inwiefern dies möglich ist, zeigen die Ergebnisse der Unternehmens- beziehungsweise internen Analyse.

Die *interne Analyse* nimmt Ressourcen, Fähigkeiten und Kompetenzen eines Unternehmens in den Blick, identifiziert Stärken und Schwächen und bietet die Chance, in Abstimmung mit den Umweltbedingungen Maßnahmen zur Verbesserung der strategischen Position abzuleiten. Die Wertketten- oder Erfahrungskurvenanalyse, die in der zweiten Hälfte dieses Kapitels vorgestellt werden, liefern die erforderlichen Informationen, um interne Probleme aufzudecken und deren Ursachen zu ermitteln. Die Methoden zeigen, welche Prozesse, Wertschöpfungsstufen oder Portfolioelemente im Vergleich zum Wettbewerb und mit Blick auf die Anforderungen von Kunden optimiert werden müssen. Die Ergebnisse der externen und internen Betrachtung werden mit einer SWOT-Analyse zusammengeführt und in strategische Handlungsoptionen übersetzt. Die SWOT-Analyse bildet insofern die

Brücke zwischen strategischer Analyse, strategischer Planung und Strategieformulierung.

Anknüpfend an die Entwicklung von Unternehmens-, Geschäftsbereichs- oder Funktionalstrategien sind diese umzusetzen und im Unternehmen zu implementieren. Das heißt, die Strategie muss in Teilstrategien und Einzelmaßnahmen zerlegt, die Organisation für die Implementierung vorbereitet und das erforderliche Personal bereitgestellt werden. Ein wesentlicher Erfolgsfaktor ist dabei die adäquate Kommunikation der Strategie auf allen Unternehmensebenen, da man alle betroffenen Mitarbeiter mit den entsprechenden Zielen und Aktivitäten vertraut machen sollte, um Motivation und Veränderungswillen zu schaffen. Schließlich ist der Erfolg einer Strategie bereits im Verlauf der Umsetzung mit Hilfe geeigneter Methoden und Techniken zu überprüfen, um bei Fehlentwicklungen oder geänderten Marktbedingungen gegensteuern zu können. Die Erfahrungen mit der so genannten New Economy sowie mit der jüngsten Finanzkrise haben eindrucksvoll belegt, dass eine Durchführungs- und Prämissenkontrolle sowie eine kontinuierliche Kontrolle der strategischen Potenziale erforderlich sind, damit Unternehmen auf dem Weg von der Strategieentwicklung zur Strategieumsetzung nicht ins Stocken oder in Schieflage geraten. Insofern sollten alle vier Phasen des Strategieprozesses gleichermaßen berücksichtigt und mit Hilfe bewährter betriebswirtschaftlicher Methoden ausgestaltet werden:

- Zielbildung und strategische Analyse,
- Strategische Planung,
- Strategieumsetzung,
- Strategische Kontrolle.

Im Mittelpunkt des vorliegenden Kapitels stehen Methoden, die der ersten Phase zugeordnet werden können, während Kapitel 2 Methoden der strategischen Planung, der Strategieumsetzung und der strategischen Kontrolle beinhaltet.

1.1 Umweltanalyse

- *Problemstellung:* Identifikation und Analyse aktueller und potenzieller Makrobedingungen und Trends zur Bestimmung der Attraktivität nationaler und internationaler Märkte
- *Zielgruppe:* Marketing- und Internationalisierungsverantwortliche, Marktforscher, Business Development Manager
- *Voraussetzungen:* Beschaffung von Primär- und Sekundärdaten zu politischen, ökonomischen, sozio-kulturellen und technologischen Einflussfaktoren

Zielsetzung der Umweltanalyse

In den zurückliegenden Jahren hat sich das wirtschaftliche Umfeld von Unternehmen verändert, indem eine nationale Grenzen überwindende Wirtschaftsordnung mit international vernetzten Märkten entstanden ist. Dieser Prozess, der mit Stichworten wie Globalisierung[2] und Internationalisierung charakterisiert wird, stellt Unternehmen vor neue Herausforderungen. Insbesondere Export-

[2] Zu den Theorien der Globalisierung siehe zum Beispiel Rehbein & Schwengel (2008).

nationen wie Deutschland sehen sich mit neuen Marktstrukturen und Marktteilnehmern konfrontiert, die längst nicht mehr nur national, sondern international und global miteinander konkurrieren. Insofern hängt der Unternehmenserfolg immer mehr davon ab, in den Boomregionen der Weltwirtschaft – zum Beispiel in den Wachstumsmärkten in Brasilien, Russland, Indien oder China – präsent zu sein[3] und gleichzeitig die Wettbewerbsposition auf heimischen Märkten zu sichern. Voraussetzung für derartige Internationalisierungs- und Positionierungsstrategien ist die genaue Kenntnis der Chancen und Risiken der jeweiligen Zielmärkte sowie der ökonomischen, politischen, gesellschaftlichen oder kulturellen Kräfte, die dort wirken.

Ziel der Umwelt- beziehungsweise der PESTEL-Analyse ist es, die Einflüsse eines Marktes und damit die Rahmenbedingungen eines Unternehmens auf einer Makroebene zu untersuchen. Die Informationen der globalen Umweltanalyse sind für die Wahl einer Strategie oder Strategienkombination relevant und dienen als erster Baustein bei der Strategieentwicklung. Neben der Analyse der Umwelt sind auch die internen Stärken und Schwächen eines Unternehmens in den Blick zu nehmen, die als zweiter Baustein der Strategieentwicklung Auskunft darüber geben, ob Unternehmen die Ressourcen besitzen, die selbst gesteckten Ziele in den jeweiligen Umwelten zu erreichen.[4] Hierzu kann zum Beispiel auf die in den Kapiteln 1.6 und

---

[3] Neben den BRIC-Ländern – Brasilien, Russland, Indien und China – rückten in jüngerer Vergangenheit immer mehr die so genannten MIST-Länder – Mexiko, Indonesien, Südkorea und die Türkei – aufgrund der beachtlichen Steigerungsraten der jeweiligen Bruttoinlandsprodukte in den Mittelpunkt des Interesses.

[4] Vergleiche Müller-Stewens & Lechner (2011, S. 154 ff).

1.8 diskutierten Methoden der Wertketten- oder der Erfahrungskurvenanalyse zurückgegriffen werden.

Beschreibung der Umweltanalyse

Im Rahmen der strategischen Analyse versuchen Unternehmen, alle relevanten Informationen mit dem Ziel zu beschaffen, eine Strategie zu formulieren und auszuwählen, mit deren Hilfe eine Anpassung des Unternehmens an die Umwelt erzielt werden kann. Dieser so genannte *Strategie-Fit* stellt eine wesentliche Voraussetzung für die langfristige Überlebenssicherung von Organisationen dar. Damit dies gelingt, ist in einem ersten Schritt eine Umweltanalyse durchzuführen, die in zwei Stufen unterteilt werden kann: Auf der ersten Stufe ist die *globale Umweltanalyse* angesiedelt, die allgemeine Umweltfaktoren zum Gegenstand hat, während die *spezifische Umweltanalyse* auf der zweiten Stufe die so genannte Aufgabenumwelt eines Unternehmens wie Lieferanten, Kunden oder Wettbewerber in den Blick nimmt.

Bei der PESTEL-Analyse handelt es sich um eine globale Umweltanalyse, in deren Rahmen das Umfeld von Unternehmen in die Bereiche Politik, Wirtschaft, Soziokultur, Technologie, Ökologie und Recht unterteilt wird, wobei sich das Akronym PESTEL aus den Anfangsbuchstaben der englischsprachigen Umfeldfaktoren *Political*, *Economic*, *Sociocultural*, *Technological*, *Ecological* und *Legal* ableitet. In der Praxis wird die Untersuchung des unternehmensrelevanten Umfeldes häufig nur als PEST-Analyse durchgeführt, wobei sich in vielen Fällen gezeigt hat, dass eine Erweiterung um ökologische und rechtliche Faktoren sinnvoll ist, um ein vollständiges Bild der Rahmenbedingungen und Trends zu erhalten, welche die Möglichkeiten der Geschäftstätigkeit von Unternehmen beeinflussen.[5]

---

[5] Vergleiche Fink (2009, S. 251 ff) und Welge & Al-Laham (2012, S. 289 ff).

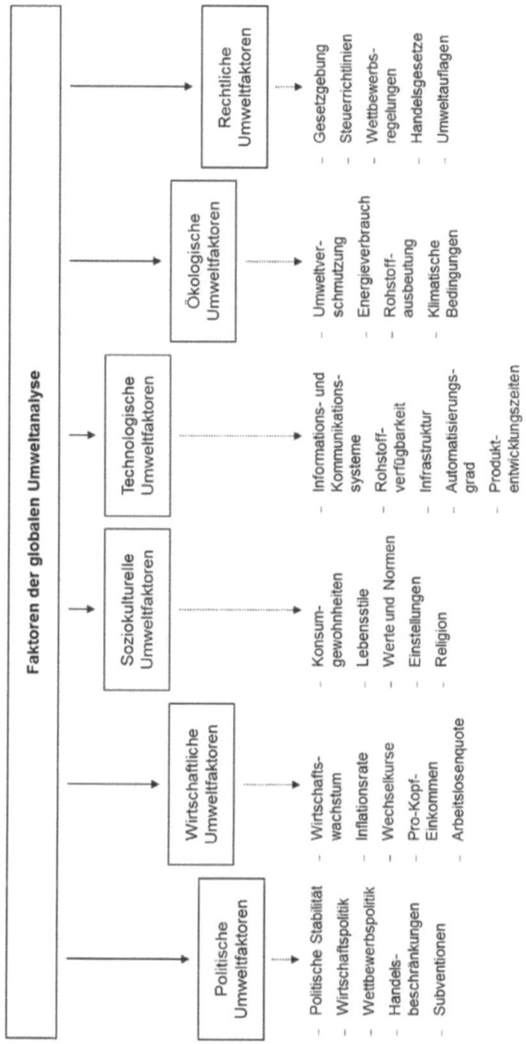

Abbildung 2: Faktoren der globalen Umweltanalyse

Die Faktoren der globalen Umweltanalyse bilden einen Handlungsrahmen, an den sich Unternehmen anpassen müssen, da dieser durch aktive Maßnahmen nur unwesentlich beeinflusst werden kann. Die einzelnen, von Farmer und Richman[6] in die Diskussion gebrachten und in Abbildung 2 aufgeführten PESTEL-Aspekte können wie folgt beschrieben werden:[7]

- Politische Umweltfaktoren beeinflussen Unternehmen auf vielfältige Weise und umfassen Aspekte wie die Stabilität eines staatlichen Systems und seiner Organe, politische Ideologien und wirtschaftspolitische Grundsätze. Bei der Analyse internationaler Handlungsumwelten stellen insbesondere die Verlässlichkeit und Berechenbarkeit der politischen Akteure, Organisationen und Institutionen wichtige Rahmenbedingungen dar, die den Erfolg oder Misserfolg einer Strategie mitbestimmen.
- Ökonomische Umweltfaktoren beschreiben die Bedingungen auf den Güter- und Faktormärkten, also den Märkten für Waren, Dienstleistungen, Kapital und Arbeit. Um gesamtwirtschaftliche Entwicklungen zu bestimmen, werden Aspekte wie das Bruttoinlandsprodukt, die Bevölkerungsstruktur, die Inflationsrate, Wechselkurse, das Pro-Kopf-Einkommen, die Arbeitslosenquote, die Investitionsentwicklung und die öffentlichen Finanzen berücksichtigt.
- Soziokulturelle Umweltfaktoren können zum Teil direkt ermittelt, zum Teil jedoch nur indirekt erschlossen werden. Mit Hilfe empirischer Primär- oder Sekundäranalysen lassen sich beispielsweise die Konsum-

6 Siehe Farmer & Richman (1965).

7 Vergleiche Johnson, Scholes & Whittington (2011, S. 80).

gewohnheiten, das Freizeitverhalten oder die Einstellungen gegenüber Produkten, Dienstleistungen oder Institutionen aufdecken. Demgegenüber entziehen sich Aspekte wie Werte, Normen und religiöse Überzeugungen oder Vorstellungen über Schönheit, Wahrheit, Gerechtigkeit und Freiheit einer direkten Bestimmung, da diese Faktoren – gemäß dem zur Erklärung kultureller Differenzen verwendeten Eisberg-Modell[8] – unsichtbar sind beziehungsweise unterhalb der Wahrnehmungsoberfläche liegen.

- Technologische Umweltfaktoren haben in der jüngeren Vergangenheit durch Innovationen in der Informations- und Kommunikationstechnologie an Bedeutung gewonnen und neue Möglichkeiten der Effizienzsteigerung geschaffen. Neben Veränderungen in der Mikroelektronik, der Biotechnologie, der Energiewirtschaft oder der Logistik üben auch Aspekte wie die Verfügbarkeit von Rohstoffen oder Infrastruktureinrichtungen und der Automatisierungs- und Technisierungsgrad eines Landes einen Einfluss auf die jeweilige Wertschöpfung von Unternehmen aus.
- Ökologische Umweltfaktoren spielen für zahlreiche Unternehmen bislang nur eine untergeordnete Rolle. Kriterien wie Umweltverschmutzung, Klimaveränderung oder Ressourcenverfügbarkeit dürften jedoch in Zukunft bedeutsamer werden und Unternehmen dazu bewegen, umweltfreundliche Herstellungsverfahren und Produkte zu entwickeln. Organisationen, denen es gelingt, mit der begrenzten Ressource Umwelt effizient umzugehen und die sich vor dem Hintergrund eines gestiegenen Umweltbewusstseins als grünes Unterneh-

---

[8] Vergleiche zum Beispiel Rothlauf (2009, S. 25).

men positionieren, werden im nationalen und internationalen Kontext Wettbewerbsvorteile erzielen.

- Rechtliche Umweltfaktoren variieren national und international und stellen Restriktionen unternehmerischen Handelns dar. Dazu zählen beispielsweise Vorschriften, die bei der Unternehmensgründung und Unternehmensübernahme oder beim Unternehmenszusammenschluss berücksichtigt werden müssen. Weitere Aspekte werden durch die Steuer-, Tarif- und Beschäftigungsgesetze oder durch Wettbewerbsregelungen und Haftungsbestimmungen festgelegt.

Bei der Durchführung einer Umweltanalyse ist darauf zu achten, dass die einzelnen Faktoren mit Blick auf ihre Bedeutung und Wirkung analysiert und nicht nur beschrieben werden. Denn eine systematische Analyse unterscheidet sich von einer oberflächlichen Beschreibung vor allem hinsichtlich der Nutzbarkeit für die Strategieentwicklung. Mit Blick auf die Strategieentwicklung und Strategieformulierung und die unternehmensinternen Ressourcen sollten zudem Datenfriedhöfe vermieden und nur die relevanten unternehmensexternen Faktoren berücksichtigt werden. Bei der Trennung in relevante und irrelevante Umweltaspekte können die Unternehmensziele als Filter dienen, indem für die einzelnen Faktoren geprüft wird, ob deren aktuelle oder zukünftige Ausprägungen die Sach- oder Leistungsziele einer Organisation beeinflussen. Ist dies der Fall, sind die entsprechenden Faktoren als bedeutsam zu klassifizieren und in die Analyse aufzunehmen.[9]

---

[9] Vergleiche Welge & Al-Laham (2012, S. 289).

Anwendungsbereich und Anwendungsprozess

Immer mehr Unternehmen sind nicht nur auf heimischen Märkten, sondern grenzüberschreitend tätig. Zur Auswahl der richtigen Zielmärkte kann erfahrungs- oder marktforschungsorientiert vorgegangen werden. Bei einer marktforschungsorientierten Marktauswahl werden die attraktivsten Auslandsmärkte in einem mehrstufigen Prozess ermittelt, an dessen Anfang die Umwelt- beziehungsweise PESTEL-Analyse steht.[10] Verfolgt beispielsweise ein Unternehmen das Ziel, neue Absatzmöglichkeiten außerhalb des Heimatmarktes zu erschließen, können in einem ersten Schritt alle relevanten Umweltfaktoren ausgewählter Zielländer ermittelt und bewertet werden, um darauf aufbauend eine Grobauswahl zu treffen. Dieses Vorgehen schafft eine objektive und valide Entscheidungsgrundlage für die Geschäftsführung. Die PESTEL-Analyse für ein Unternehmen könnte dabei in folgenden Schritten ablaufen:

- Bestimmung aller Umweltfaktoren, die das Unternehmen beeinflussen,
- Priorisierung der berücksichtigten Umweltfaktoren,
- Festlegung von Gewichtungsfaktoren für die wichtigsten Umweltfaktoren,
- Auswertung der Umweltfaktoren und Bestimmung der attraktivsten Zielländer.

Im ersten Schritt werden alle PESTEL-Aspekte für die einzelnen Länder gesammelt, die aktuell oder in Zukunft einen Einfluss auf ein Unternehmen ausüben. Diese werden in einem zweiten Schritt priorisiert, um Komplexität zu reduzieren, aber auch, um sicherzustellen, dass nur jene

---

[10] Vergleiche Neubert (2006, S. 90 ff).

Faktoren Berücksichtigung finden, die den Unternehmenserfolg maßgeblich bestimmen. Die als wichtig klassifizierten Umweltfaktoren werden in einem dritten Schritt mit Gewichtungsfaktoren versehen, deren Summe 1 beziehungsweise 100 Prozent ergeben muss. Mit Hilfe der Gewichtungsfaktoren kann die Bedeutung der einzelnen Kriterien differenziert werden, da zum Beispiel soziokulturelle Aspekte für ein Unternehmen bedeutsam sein dürften, den Unternehmenserfolg jedoch nicht in gleicher Weise bestimmen wie ökonomische oder politische Faktoren. Die ausgewählten und mit Gewichtungsfaktoren versehenen PESTEL-Faktoren werden in einem letzten Schritt analysiert, um objektive Werte für die einzelnen Länder zu erhalten, die wiederum zur Bestimmung des attraktivsten Zielmarktes dienen.

Tabelle 1 zeigt eine beispielhafte PESTEL-Analyse. Die aufgeführten Kriterien können weiter differenziert werden, indem man jeden Faktor beispielsweise in seiner aktuellen und in seiner prognostizierten Ausprägung betrachtet.

Die PESTEL-Analyse bietet Unternehmen die Möglichkeit, eine Übersicht aller externen Einflussfaktoren zu erhalten. Zudem kann sie als Grundlage eines Marktinformationssystems dienen, welches im englischsprachigen Kontext als *Market Monitoring System* bezeichnet wird. Insofern ist es empfehlenswert, Umweltfaktoren aktueller und potenzieller Zielmärkte nicht nur bei Bedarf, sondern in definierten Zyklen zu erheben, zu dokumentieren und auszuwerten. Eine methodisch einheitliche und auf Kontinuität angelegte Erfassung markt- und wachstumsrelevanter Daten schafft die Voraussetzung für empirisch abgesicherte Länder- und Regionenvergleiche und damit die Chance, erfolgreiche Internationalisierungs- und Wachstumsstrategien zu entwickeln.

Kriterien	G	Land 1		Land 2		Land 3		Land N	
		B	G × B	B	G × B	B	G × B	B	G × B
Politische Umweltfaktoren									
Handelshemmnisse									
…									
Wirtschaftliche Umweltfaktoren									
Marktpotenzial									
…									
Soziokulturelle Umweltfaktoren									
Kommunikation / Sprache									
…									
Technologische Umweltfaktoren									
Anzahl Logistikdienstleister									
…									
Ökologische Umweltfaktoren									
Emissionsregelungen									
…									
Rechtliche Umweltfaktoren									
Besteuerungsrichtlinien									
…									

G = Gewichtungsfaktor; B = Bewertung (zum Beispiel: 1 = sehr gut und 5 = sehr schlecht); G × B = gewichtete Bewertung

Tabelle 1: Beispielhafte PESTEL-Analyse zur Länderauswahl

Weiterführende Hinweise

Die globale Umweltanalyse ist eine Methode, die typischerweise in Kombination mit weiteren Methoden zur Anwendung kommt, da eine isolierte Betrachtung der Makrodaten nur begrenzt aussagekräftig ist. Die Aussagekraft wird in der Praxis noch weiter eingeschränkt, wenn zu viele Faktoren berücksichtigt und oberflächlich ausgewertet werden oder wenn die Bewertung erfahrungs- und nicht datenorientiert erfolgt. Bei korrekter Durchführung bietet die PESTEL-Analyse wertvolle Hinweise zur strategischen Ausgangslage von Unternehmen – insbesondere, wenn sie um eine Branchenstruktur- und um eine Wettbewerbsvorteilsanalyse ergänzt wird, die im Mittelpunkt der Kapitel 1.2 und 1.3 stehen.

1.2 Branchenstrukturanalyse

- *Problemstellung:* Identifikation und Analyse unternehmensexterner Einflussfaktoren zur Bestimmung der Attraktivität und Renditechancen einer Branche
- *Zielgruppe:* Marketing-, Vertriebs- und Internationalisierungsverantwortliche, Marktforscher, Business Development Manager
- *Voraussetzungen:* Beschaffung von Primär- und Sekundärdaten zu allen wettbewerbsrelevanten Aspekten eines abgegrenzten Geschäftsfeldes oder einer klar definierten Branche

Zielsetzung der Branchenstrukturanalyse

Wer sich in einem Markt erfolgreich positionieren will, darf das Augenmerk nicht nur auf die Kräfte des Makroumfeldes richten, die mit Hilfe der in Kapitel 1.1 diskutierten Umweltanalyse ermittelt werden können. Es sind auch die Kräfte des Mikroumfeldes wie Lieferanten, Kunden oder Wettbewerber zu untersuchen, welche die Attraktivität einer Branche maßgeblich bestimmen. Das heißt, vor der Entscheidung, in welchen Geschäftsfeldern ein Unternehmen tätig sein soll, ist zu klären, welche Rolle Lieferanten zukommt und ob diese in ausreichender Zahl und Qualität zur Verfügung stehen. Zudem ist zu prüfen, welchen Nutzen das Unternehmen für die Kunden stiftet und ob diese von dem Leistungsangebot Gebrauch machen werden. Die Möglichkeit, Gewinne zu erwirtschaften, hängt schließlich auch von der Art und Anzahl der Wettbewerber ab, die vergleichbare Produkte oder Dienstleistungen erstellen. Diese Faktoren – Lieferanten, Kunden und Wettbewerber – konstituieren die Branchenumwelt eines Unternehmens. Dabei wird unter einer Branche eine Gruppierung von Unternehmen verstanden, die Produkte herstellen, die aus Sicht des Kunden – wie in der Automobil- oder Elektronikbranche – einen ähnlichen Nutzen bieten und daher untereinander austauschbar sind oder – wie in der Chemie- oder Stahlbranche – vergleichbare Rohstoffe zur Produktion einsetzen. Das Ziel der Branchenstrukturanalyse besteht darin, die in einer Branche herrschenden Wettbewerbskräfte aufzudecken, um entscheiden zu können, in welchen Geschäftsfeldern ein Unternehmen, mit welchen Ressourcen und welcher Wettbewerbsstrategie vertreten sein will.[11]

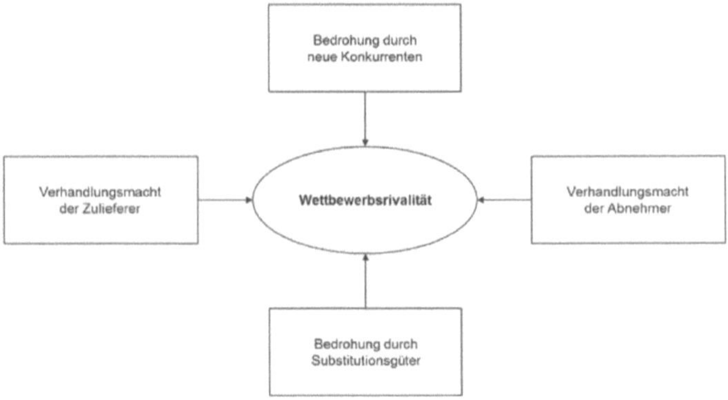

Abbildung 3: Five-Forces-Modell[12]

Beschreibung der Branchenstrukturanalyse

Die bekannteste und wohl einflussreichste Methode zur Untersuchung der Branchenstruktur stammt von Porter, der fünf Kräfte – die so genannten *Five Forces* – unterscheidet:[13] die Verhandlungsmacht der Zulieferer, die Bedrohung durch neue Wettbewerber, die Verhandlungsmacht der Abnehmer, der Einfluss von alternativen Produkten – also von so genannten Substitutionsgütern – und der Konkurrenzdruck unter den vorhandenen Wettbewerbern im Markt. Ausgangspunkt des in Abbildung 3 dargestellten *Five-Forces-Modells* ist die Frage, wie attraktiv eine

[11] Vergleiche Grant (2010, S. 64 ff) und Thommen (2008, S. 110).

[12] Modifiziert nach Porter (2004, S. 51).

[13] Siehe Porter (2008).

Branche ist und welche Renditechancen diese bietet. Dabei wird auf Überlegungen der Industrieökonomik zurückgegriffen: Ein Unternehmen schafft Wert, wenn Kunden einen Preis zu zahlen bereit sind, der die Herstellungskosten übersteigt. Der erzielbare Mehrwert ist jedoch nicht mit dem erzielbaren Gewinn gleichzusetzen – es sei denn, es handelt sich um einen monopolistischen Markt. In nicht-monopolistisch strukturierten Märkten beziehungsweise Branchen sind die Höhe und die Aufteilung des Mehrwerts davon abhängig, wie intensiv der Wettbewerb ist. Existiert eine Vielzahl von Konkurrenten wird der Kunde den größten Teil des Mehrwerts als Konsumentenrente erhalten, während die Produzentenrente entsprechend geringer ausfällt. Anders formuliert: Ein einzelner Telekommunikationsanbieter kann in einem monopolistischen Markt einen höheren Preis erzielen als in einem liberalisierten, in dem zahlreiche Anbieter um die Gunst der Kunden werben. Die Branchenrendite ist jedoch nicht nur vom Wettbewerb und der Kundennachfrage abhängig, sondern auch von der Verfügbarkeit von Ersatzprodukten und der Machtposition der Lieferanten.[14] Porter nutzt diese Erkenntnisse und kombiniert die einzelnen Faktoren in einem Fünf-Kräfte-Modell, dessen Elemente wie folgt beschrieben werden können:[15]

Die *Verhandlungsmacht der Zulieferer* ist groß, wenn diese beispielsweise innovative Produkte oder Technologien anbieten, für die keine Substitute existieren. Eine gute Verhandlungsposition ergibt sich auch durch eine Konzentration der Lieferanten oder durch hohe Wechselkosten auf der Abnehmerseite. Demgegenüber steigen die

---

[14] Vergleiche Grant & Nippa (2006, S. 100 f).

[15] Vergleiche im Überblick Fink (2009, S. 177 ff) und Johnson, Scholes & Whittington (2011, S. 87 ff).

Gewinnspielräume der Beschaffungsunternehmen mit der Verfügbarkeit von Alternativprodukten oder Alternativzulieferern, mit der Möglichkeit zur Rückwärtsintegration, indem unternehmerische Aktivitäten auf vorgelagerte Fertigungsstufen ausgedehnt und profitabel gestaltet werden oder durch einen Bedeutungsverlust der betroffenen Inputgüter im Rahmen der Wertschöpfung.

Die *Bedrohung durch neue Wettbewerber* variiert mit der Höhe der Markteintrittsbarrieren und mit den erzielbaren Renditen in einer Branche. Das heißt, je geringer die Eintrittsbarrieren und je größer die Attraktivität einer Branche, desto wahrscheinlicher ist das Auftreten neuer Anbieter. Markteintrittsbarrieren stellen insofern einen wirksamen Schutz vor Neuankömmlingen dar, durch deren Aktivität die durchschnittlichen Gewinne der einzelnen Branchenunternehmen sinken würden. Typische Eintrittsbarrieren sind Economies of Scale, die sich aus hohen Produktionskapazitäten ergeben, der Zugang zu Lieferanten- und Vertriebsnetzen, eine hohe Kundenzufriedenheit und Kundenloyalität oder die glaubhafte Drohung der bestehenden Konkurrenten, einen Markteintritt mit Preiskriegen oder aggressiven Marketingkampagnen zu beantworten. Eintrittsbarrieren können auch vom Gesetzgeber durch Patente oder Zölle geschaffen oder durch Deregulierung – wie in der jüngeren Vergangenheit in Deutschland in den Bereichen Telekommunikation, Energie und Verkehr – abgebaut werden.

Die *Verhandlungsmacht der Abnehmer* ergibt sich aufgrund ähnlicher Faktoren wie bei den Zulieferern: Der Gewinnspielraum von Unternehmen reduziert sich, wenn Abnehmer konzentriert auftreten und wenn Substitute verfügbar oder die Wechselkosten gering sind. Demgegenüber sinkt der Einfluss der Abnehmer, wenn Anbieter zum Beispiel Möglichkeiten der Vorwärtsintegration nutzen und ihre

Wertschöpfungskette verlängern und sich in Richtung Endverbraucher bewegen können. Bei der Analyse der Abnehmermacht ist zu unterscheiden, ob es sich um Käufer auf einer Zwischenstufe der Branchenwertkette oder um Endverbraucher handelt. Letztere verfügen im Allgemeinen über weniger Verhandlungsmacht als Zwischenhändler oder weiterverarbeitende Unternehmen im Business-to-Business-Bereich.

Die Industriegeschichte hält zahlreiche Beispiele bereit, die den Einfluss von alternativen Produkten verdeutlichen: So verdrängte beispielsweise die Compact Disc ab den 1980er-Jahren die Audiokassette, während die Umsätze von Compact Discs seit einigen Jahren aufgrund der zunehmenden Nutzung von Musik aus dem Internet im MP3-Format rückläufig sind. Die *Bedrohung durch Substitutionsgüter* ist besonders groß, wenn diese leicht zugänglich sind und einen vergleichbaren oder sogar einen höheren Kundennutzen bei ähnlichen Kosten aufweisen.

Die *Wettbewerbsrivalität* beziehungsweise der Konkurrenzdruck unter den vorhandenen Wettbewerbern im Markt werden durch die beschriebenen und in Abbildung 3 mit Pfeilen versehenen Faktoren beeinflusst. Die Wettbewerbsrivalität wird zudem durch weitere Aspekte wie das Wachstum einer Branche oder die Kapazitätsauslastung bestimmt. Sind zum Beispiel die Wachstumsraten einer Branche gering, steigt der Wettbewerb. Preiskämpfe und sinkende Margen sind die Folge. Ähnliche Effekte können sich in schrumpfenden Branchen ergeben, in denen Kapazitäten frei werden und die Wettbewerbsdynamik verschärfen, da Unternehmen mit allen Mitteln versuchen, ihre Marktanteile zu verteidigen.[16]

---

[16] Der ehemalige CEO von Intel, Andrew Grove, erweiterte das Five-Forces-Konzept um eine weitere Kraft: die Stärke von

Anwendungsbereich und Anwendungsprozess

Die Branchenstrukturanalyse als spezifische Umweltanalyse beantwortet die Frage, welche Branchen attraktiv sind und Gewinnpotenziale versprechen. Zur Bewertung der Attraktivität einer Branche kann in folgenden Schritten vorgegangen werden:

- Ermittlung der wettbewerbsbestimmenden Faktoren und der jeweiligen Treiber,
- Bewertung, Gewichtung und Priorisierung der Treiber,
- Bestimmung der Möglichkeiten zur aktiven Einflussnahme auf die Branchensituation,
- Gesamtbeurteilung der Branchenattraktivität und Ableitung von Konsequenzen.

In einem ersten Schritt werden die Treiber der fünf Kräfte auf der Basis von zum Beispiel unternehmensinternen und unternehmensexternen Daten oder durch Kunden- und Expertengespräche ermittelt. Auf diese Weise erhält man einen Überblick über die Bestimmungsgründe der Branchenstruktur, die den Branchenwettbewerb beeinflussen, der wiederum dafür verantwortlich ist, welche Renditen in einer Branche erzielt werden können.

Ein Unternehmen wird unter anderem die Gefahr der Vorwärtsintegration von Zulieferern, das Preis-Leistungs-Verhältnis von Ersatzprodukten, die Umstellungskosten der Abnehmer und absolute Kostenvorteile neuer Kon-

---

Komplementärprodukten. Grove war der Auffassung, dass Branchenstruktur und Branchenrentabilität auch von den Anbietern von Komplementärprodukten bestimmt würden, da diese aufgrund ihrer wertstiftenden Funktion zur Befriedigung von Kundenbedürfnissen beitragen (vergleiche Jones & Hill 2013, S. 60).

kurrenten aus Niedriglohnländern sowie das Branchenwachstum und die strategischen Unternehmensinteressen der aktuellen Wettbewerber berücksichtigen.

Die genannten Treiber werden in einem nächsten Schritt anhand von Kriterien bewertet, gewichtet und priorisiert, um aus den vielfältigen und umfassenden Informationen die relevanten als Entscheidungsgrundlage für das Unternehmen auszuwählen. Branchenstrukturen sind nicht starr, sondern können durch gezielte Maßnahmen der einzelnen Akteure verändert werden. Insofern sind in einem dritten Schritt die Einflussmöglichkeiten eines Unternehmens in den Blick zu nehmen und zu entscheiden, welche Wettbewerbskräfte in welcher Form durch die Nutzung interner Stärken und durch den Abbau interner Schwächen modifiziert werden können. Hierbei wird auf Methoden und Daten der Unternehmensanalyse zurückgegriffen, die in den Kapiteln 1.6 bis 1.8 erörtert werden. Aus den gewonnenen Erkenntnissen kann schließlich die Attraktivität einer Branche abgeleitet und bestimmt werden, unter welchen Bedingungen das Erzielen von Wettbewerbsvorteilen möglich ist.

Die Five-Forces-Analyse bietet den großen Vorteil, die Struktur und Stärke des Wettbewerbs in einer Branche und damit die Chancen und Risiken eines Marktes transparent zu machen. Ein Nachteil der Methode ist, dass sie nur in Ergänzung mit weiteren Umwelt- und Unternehmensanalysen zu tragfähigen Aussagen für die Strategieentwicklung und Strategieformulierung führt. Denn „sie liefert … lediglich eine Momentaufnahme der aktuellen Situation der untersuchten Wettbewerbskräfte“[17]. Zur umfassenden Beurteilung der Wettbewerbsbedingungen

[17] Fink (2009, S. 179).

und zur Ableitung von Konsequenzen für die zukünftigen Branchenaktivitäten eines Unternehmens muss die Five-Forces-Analyse um Methoden erweitert werden, mit deren Hilfe die Dynamik von Branchen abgebildet werden kann. Hierzu eignen sich beispielsweise Lebenszyklusmodelle, welche die Phasen Entstehung, Wachstum, Reife, Sättigung und Degeneration von Branchen unterscheiden und die Möglichkeit bieten, Wettbewerbsstrukturen im Zeitablauf zu bestimmen und zukünftige Bedingungen zu antizipieren. Allerdings erweist sich die Anwendung des Branchenlebenszykluskonzeptes in der Praxis als schwierig, da Entwicklungsphasen in der Realität keinem idealtypischen Muster folgen und sowohl Sprünge als auch Verzögerungen aufweisen. Das heißt, eine Branche kann vor Erreichen der Reifephase verschwinden oder durch eine verlängerte Wachstumsphase mit verschiedenen Wellenbewegungen gekennzeichnet sein.[18] Einen Ausweg aus dem beschriebenen Dilemma zwischen statischer Betrachtung einerseits und Lebenszyklusmodellierung andererseits bietet die *komparative Branchenstrukturanalyse*, die auf eine Einteilung in Lebensphasen verzichtet, aber dennoch dynamische Aspekte der Wettbewerbsstruktur berücksichtigt.

Ein Beispiel: Abbildung 4 zeigt die Entwicklung einer Branche, in der zum Zeitpunkt t_1 die Wettbewerbskräfte gering und das Renditepotenzial gut ausgeprägt sind – ablesbar an der großen Fläche, die von der durchgezogenen Linie zwischen den Achsen gebildet wird. Zum Zeitpunkt t_2, der beispielsweise drei Jahre in der Zukunft liegt, wird von einer Veränderung der Triebkräfte des Wettbewerbs ausgegangen. Die Prognose zeigt, dass sowohl die Macht

[18] Vergleiche Fink (2009, S. 179 f).

der Zulieferer und Abnehmer als auch die Wettbewerbsrivalität und die Bedrohung durch neue Konkurrenten zunehmen werden, während die Attraktivität der Branche – zum Beispiel für Neueinsteiger – abnimmt. Die von der gestrichelten Linie umschlossene Fläche illustriert das deutlich gesunkene Gewinnpotenzial im Vergleich zum Zeitpunkt t_1 und das damit verbundene Risiko für Unternehmen, Ressourcen in dieser Branche einzusetzen.[19]

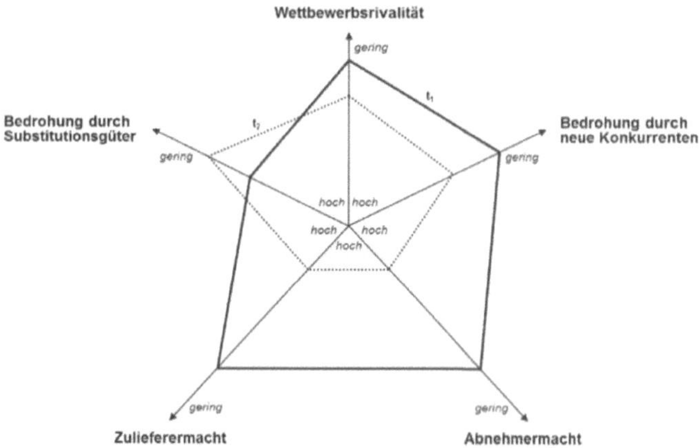

Abbildung 4: Dynamische Analyse der Branchenstruktur[20]

Die komparative Five-Forces-Analyse erweitert die statische Betrachtung von Wettbewerbsstrukturen in einer Branche um eine Lebensverlaufsperspektive. Sie vermeidet jedoch die methodischen Fallstricke, die mit einer Lebensphaseneinteilung und den daraus resultierenden stra-

---

[19] Vergleiche Johnson, Scholes & Whittington (2011, S. 100 f).

[20] Modifiziert nach Johnson, Scholes & Whittington (2011, S. 100).

tegischen Implikationen verbunden sind. Obgleich der prognostische Wert der komparativen Five-Forces-Analyse überschaubar ist, bietet die Methode wertvolle Anhaltspunkte, welche Chancen und Gefahren im Umfeld existieren und wie sich diese im Zeitablauf verändern.

Weiterführende Hinweise

Unternehmen sind in eine Makro- und in eine Mikroumwelt eingebettet, die im Rahmen der strategischen Analyse mit ihren jeweiligen Bedingungen, Strukturen und Kräften in den Blick genommen werden. Die Branchenstrukturanalyse im Sinne der Five Forces von Porter bietet die Möglichkeit, die Wirkungszusammenhänge einzelner Branchenfaktoren aufzudecken und Wettbewerbsstrategien zu entwickeln. So können Unternehmen zum einen die Rahmenbedingungen als gegeben hinnehmen und Nischen- oder Spezialstrategien verfolgen. Zum anderen können sie versuchen, Einfluss auf die Wettbewerbskräfte zu nehmen und deren Gleichgewicht zu verschieben. Unternehmen können schließlich Veränderungen der Kräfteverhältnisse prognostizieren und Maßnahmen darauf ausrichten. Auf diese Weise können sie strategische Lücken im Umfeld nutzen, die von Konkurrenten noch nicht beachtet werden. Kim und Mauborgne sprechen in diesem Zusammenhang von „blauen Ozeanen“[21] – also von Markt- oder Branchensegmenten mit wenig Wettbewerb, die darauf warten, erschlossen zu werden.

[21] Siehe Kim & Mauborgne (2005).

1.3 Wettbewerbsvorteilsanalyse

- *Problemstellung:* Untersuchung und Verbesserung der strategischen Position eines Unternehmens oder eines Geschäftsbereiches
- *Zielgruppe:* Geschäftsführer, Geschäftsbereichs- und Abteilungsleiter, Marketing- und Vertriebsverantwortliche, Marktforscher
- *Voraussetzungen:* Zugang zu Markt-, Kunden-, Wettbewerbs- und Kompetenzdaten im Rahmen von Primär- und Sekundäranalysen

Zielsetzung der Wettbewerbsvorteilsanalyse

Eine freie oder soziale Marktwirtschaft lebt und profitiert vom Wettbewerb. Dieser trägt unter anderem dazu bei, dass bedarfsgerechte Produkte angeboten, Produktionsfaktoren optimal genutzt und Innovationen gefördert werden. Die kontinuierlich voranschreitende „schöpferische Zerstörung“[22] – womit die Verdrängung alter durch neue ökonomische Strukturen gemeint ist – zwingt Unternehmen zur Flexibilität und zur Anpassung eigener Produkte und Prozesse an die Erfordernisse des Marktes. Bei der Verfolgung des Zieles, wettbewerbsfähig zu sein und zu bleiben, rücken vor allem die Betrachtung und Bewertung von Konkurrenzunternehmen und deren Stärken und Schwächen in den Mittelpunkt. Im Rahmen einer Konkurrentenanalyse werden die Ziele, Strategien und Ressourcen von Wettbewerbern anhand von Checklisten

---

[22] Zu Begriff und Konzept der „schöpferischen Zerstörung“ siehe Schumpeter (2006).

untersucht, um die strategische Position der Konkurrenten zu bestimmen. Diese Form der Wettbewerbsbetrachtung liefert wie die in Kapitel 1.2 vorgestellte Branchenstrukturanalyse wichtige Daten über die Aufgabenumwelt beziehungsweise die spezifische Umwelt eines Unternehmens. Die Wettbewerbsanalyse bietet allerdings keine Anhaltspunkte, welche Vorteile das eigene Unternehmen gegenüber den wichtigsten Konkurrenten besitzt. Hierzu muss die isolierte Betrachtung des Wettbewerbs um eine Betrachtung des Marktes und der unternehmensinternen Kompetenzen erweitert werden. Das ist das Ziel der Wettbewerbsvorteilsanalyse, die insofern eine Kombination aus Markt-, Wettbewerbs- und Kompetenzanalyse darstellt. Sie geht über die Betrachtung des Wettbewerbs hinaus, indem sie unter Berücksichtigung der Anforderungen des Umfeldes die Stärken und Schwächen von Konkurrenten ins Verhältnis zu den Stärken und Schwächen des eigenen Unternehmens setzt. Auf der Basis der ermittelten Vor- und Nachteile eines Unternehmens oder einer Geschäftseinheit können Veränderungsmaßnahmen definiert und die Positionierung verbessert werden.[23]

Beschreibung der Wettbewerbsvorteilsanalyse

Die Wettbewerbsvorteilsanalyse ist eine betriebswirtschaftliche Methode, welche die Ergebnisse verschiedener Instrumente nutzt, um Aussagen über strategische Vor- und Nachteile zu treffen. Dabei wird unter einem Wettbewerbsvorteil eine Leistung eines Unternehmens verstanden, die zum einen vom Kunden wahrgenommen und von diesem als bedeutsam eingestuft wird und zum anderen besser als die Leistung der Konkurrenz und möglichst

---

[23] Vergleiche Bea & Haas (2013, S. 125 f) und Welge & Al-Laham (2012, S. 348 ff).

dauerhaft, das heißt, nicht kurzfristig imitierbar ist. Zur Ermittlung von Wettbewerbsvorteilen reicht es gemäß dieser Definition nicht aus, Profile von Konkurrenten anhand von Kriterien wie Umsatz, Marktanteil, Profitabilität, Qualität oder Bekanntheit zu erstellen. Vielmehr sind neben den zentralen Wettbewerbern auch die Besonderheiten des Marktes und die Anforderungen der Kunden sowie die unternehmensspezifischen Kompetenzen in den Blick zu nehmen. Denn erst die systematische Verknüpfung externer und interner Potenziale ermöglicht es, die Position des eigenen Unternehmens präzise zu bestimmen. Dieses Vorgehen schützt vor strategischen Fehlschlüssen, die sich in der Praxis dadurch ergeben, dass von einer objektiv überlegenen Produktqualität – die zum Beispiel durch Produkttests unabhängiger Institute bestimmt werden kann – fälschlicherweise auf einen Wettbewerbsvorteil geschlossen wird. Ein Blick in die Erfolgs- und Misserfolgsgeschichten von Unternehmen und Produkten der jüngeren Vergangenheit zeigt, dass der Markt beziehungsweise die Kunden und nicht das Unternehmen oder Gütesiegel bestimmen, was als Vorteil und was als Nachteil zu werten ist. Erst wenn Kunden eine Leistung erkennen und schätzen, besteht die Möglichkeit, einen Vorsprung zu erzielen und zu nutzen.

Der erste Teil der Wettbewerbsvorteilsanalyse besteht demnach darin, die *Anforderungen des Marktes* zu ermitteln. Dabei kann beispielsweise auf vorliegende Ergebnisse von Kundenzufriedenheitsanalysen zurückgegriffen werden, die Auskunft darüber geben, welche Eigenschaften besonders wichtig und welche weniger wichtig sind. Leistungskriterien können zum Zweck der Durchführung einer Wettbewerbsvorteilsanalyse auch in einer eigenständigen empirischen Studie erhoben und aus Sicht der Kunden bewertet werden. Hierbei sind zunächst die relevanten Markt- und Kundensegmente festzulegen und entsprechend geeignete Stichproben zu ziehen. Als Ergebnis von Primärerhebungen erhält man eine Liste von Erfolgsfaktoren beziehungsweise Anforderungen des Marktes, deren Rangfolge aus Kundensicht festgelegt werden sollte. Auf diese Weise wird man dem Anspruch gerecht, nur jene Faktoren beim Vergleich des eigenen Unternehmens mit dem Wettbewerb zu betrachten, die in der Wahrnehmung der Kunden erfolgskritisch sind.

Neben der Bestimmung und Bewertung der Anforderungen des Marktes werden die *relevanten Wettbewerber* identifiziert und hinsichtlich ihrer Bedeutung klassifiziert. Dabei kann sowohl auf Primär- als auch auf Sekundärquellen zurückgegriffen werden. Primärquellen stellen zum Beispiel Branchenverbände, Messen, gemeinsame Lieferanten oder Kunden dar. Sekundärquellen – also bereits vorhandene und nicht erst neu zu beschaffende Informationen – können vorliegende Studien, Internetseiten von Unternehmen, Jahresberichte oder Daten statistischer Bundes- und Landesämter sein. Neben den aktuellen Konkurrenten sollten auch zukünftige Wettbewerber in die Analyse einbezogen werden, um sicherzustellen, dass die Ergebnisse das relevante Konkurrenzumfeld widerspiegeln. Die relative Bedeutung der berücksichtigten Konkurrenten ergibt sich aus den Einzelergebnissen für die im ersten Schritt ermittelten Anforderungen des Marktes. Das heißt, für alle Wettbewerber werden Daten für alle Erfolgsfaktoren ermittelt, um anschließend das eigene Unternehmen mit dem jeweils besten Konkurrenten je Kriterium vergleichen zu können.

Der dritte Teil der Wettbewerbsvorteilsanalyse besteht schließlich darin, die *Leistungen des eigenen Unternehmens* gegen die Marktanforderungen zu bewerten. Dies sollte aus Sicht der Kunden und nicht im Rahmen von unternehmensinternen Experteninterviews oder Workshops erfolgen. Letztere Variante kann gewählt werden, wenn Kundendaten nicht zur Verfügung stehen. Gleichwohl sind im Rahmen einer rein internen Bewertung die mangelnde Objektivität und gegebenenfalls auch die mangelnde Reliabilität der Ergebnisse zu beachten. Auf dieser Datenbasis sollte die Formulierung von Strategien daher nur mit Vorsicht erfolgen. Insofern sollten Unternehmen alle erforderlichen Anstrengungen unternehmen, um die eigene Position markt-, kunden- und wettbewerbsorientiert zu bestimmen.

Anwendungsbereich und Anwendungsprozess

Die Wettbewerbsvorteilsanalyse kommt immer dann zur Anwendung, wenn die strategische Position eines Unternehmens oder eines Geschäftsbereiches untersucht und verändert werden soll. Obgleich sie den Methoden der Umweltanalyse zuzuordnen ist, erfordert ihre Durchführung auch einen Rückgriff auf Daten, die im Rahmen der Unternehmensanalyse gewonnen werden. So müssen neben Marktdaten zum Beispiel Informationen über interne Stärken und Schwächen beziehungsweise zentrale Kompetenzen vorliegen. Am Beispiel der Wettbewerbsvorteilsanalyse zeigt sich idealtypisch, dass betriebswirtschaftliche Methoden nicht nur isoliert zu betrachten und anzuwenden sind, sondern in der Praxis häufig erst kombiniert den gewünschten Nutzen stiften. Folgende Schritte sind bei einer Wettbewerbsvorteilsanalyse zu berücksichtigen:

- Bestimmung der Erfolgsfaktoren beziehungsweise Anforderungen des Marktes,
- Identifikation der gegenwärtigen und potenziellen Wettbewerber,

- Bewertung der Leistung des eigenen Unternehmens aus Kundensicht,
- Bewertung der Leistungen der Wettbewerber aus Kundensicht,
- Ermittlung der relativen Unternehmensleistung.

Die Wettbewerbsvorteilsanalyse beginnt mit einer empirischen Bestimmung der wichtigsten Erfolgsfaktoren aus Marktsicht. Dabei ist zu prüfen, welche Anforderungen Kunden an die entsprechenden Produkte stellen. Diese können Preis-, Qualitäts-, Service-, Design- oder Imageaspekte sein. Die Daten sollten im Markt, also primär erhoben werden – idealerweise über schriftliche Fragebögen, persönliche Interviews oder Online-Surveys –, um subjektive Verzerrungen zu vermeiden, die bei unternehmensintern erstellten Anforderungslisten vielfach auftreten. Die Bedeutung der Merkmale wird mit Hilfe einer Likert-Skala gemessen, die zum Beispiel in sechs Stufen von „sehr wichtig" bis „sehr unwichtig" reicht. Auf diese Weise erhält man aus einer Vielzahl von Merkmalen eine Liste der wesentlichen Erfolgsfaktoren, welche die Basis für die sich anschließenden Vergleiche bildet. Bei Bedarf kann man auch mehr als die in Abbildung 5 aufgeführten Eigenschaften berücksichtigen. Allerdings sollte man beachten, dass die Komplexität der Methode mit zunehmender Anzahl an Merkmalen steigt, während gleichzeitig Übersichtlichkeit und Trennschärfe abnehmen.

Im zweiten Schritt werden die wichtigsten gegenwärtigen und potenziellen Wettbewerber identifiziert. Dabei sollte man nur jene Konkurrenten in die Analyse einbeziehen, die vergleichbare Produkte, Zielgruppen und Strategien aufweisen, um den Arbeitsaufwand überschaubar zu halten und um die relative Leistungsbewertung auf ähnlich positionierte Unternehmen zu beschränken.

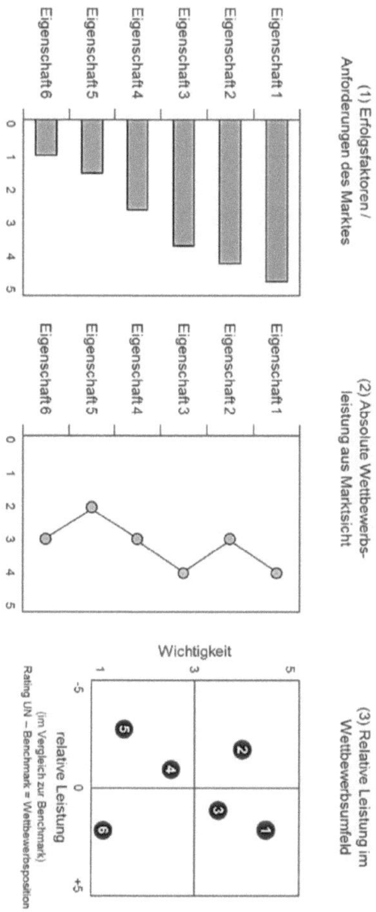

Abbildung 5: Durchführung einer Wettbewerbsvorteilsanalyse[24]

---

[24] Siehe hierzu auch das Comstrat-System von Simon & von der Gathen (2010, S. 210).

An die Identifikation der wichtigsten Wettbewerber schließt sich die Bewertung der Leistungskriterien für das eigene Unternehmen an. Wie in Abbildung 5 aufgeführt, prüft man empirisch, wie das Unternehmen oder einzelne Geschäftsbereiche hinsichtlich der Eigenschaften 1 bis 6 auf einer Skala von „sehr gut“ bis „sehr schlecht“ abschneiden. Im vorliegenden Beispiel zeigt die Bestimmung der absoluten Wettbewerbsleistung aus Marktsicht, dass die Eigenschaften 1 und 3 sehr positiv bewertet werden, während Eigenschaft 5 im Negativbereich liegt. Diese Daten geben erste Anhaltspunkte über die Leistungsfähigkeit des eigenen Unternehmens, lassen den Wettbewerb jedoch unberücksichtigt und sind daher wenig aussagekräftig. Demzufolge sind in einem vierten Schritt die Leistungen der Wettbewerber mit Blick auf die berücksichtigten Eigenschaften zu analysieren. Auf diese Weise erhält man für alle relevanten Konkurrenten Vergleichsdaten und kann zudem bestimmen, welches Unternehmen bei welchem Merkmal die Benchmark darstellt. Diese Informationen sind für den letzten Schritt der Wettbewerbsvorteilsanalyse erforderlich, in dem die relative Unternehmensleistung berechnet wird.

Ein Beispiel: Abbildung 5 zeigt, dass Eigenschaft 1 – beispielsweise die Qualität der Produkte – den befragten Kunden mit einem Wert von 4,5 sehr wichtig ist. Zudem illustriert der mittlere Teil der Abbildung, dass die Bewertung der Produktqualität des eigenen Unternehmens mit einem Wert von 4 sehr positiv ausfällt. Die relative Leistung für die Produktqualität wird schließlich ermittelt, indem die Leistung des eigenen Unternehmens mit der Leistung des besten Wettbewerbers – der so genannten *Benchmark* – verglichen wird. Im hier gewählten Beispiel ergibt sich für Eigenschaft 1 eine relative Leistung mit dem Wert

2 gemäß folgender Formel: Bewertung des eigenen Unternehmens minus Bewertung des besten Wettbewerbers gleich Wettbewerbsposition. Die im rechten Teil von Abbildung 5 dargestellte Matrix verknüpft insofern die Wichtigkeit eines Merkmals mit der relativen Leistung eines Unternehmens oder Geschäftsbereiches. Die Wichtigkeit der Produktqualität legt mit einem Wert von 4,5 den y-Achsenabschnitt fest, während die relative Leistung mit einem Wert von 2 den x-Achsenabschnitt bestimmt. Auf vergleichbare Weise können alle Erfolgsfaktoren in eine Matrix mit vier Quadranten eingeordnet und Normstrategien für das betrachtete Unternehmen abgeleitet werden.

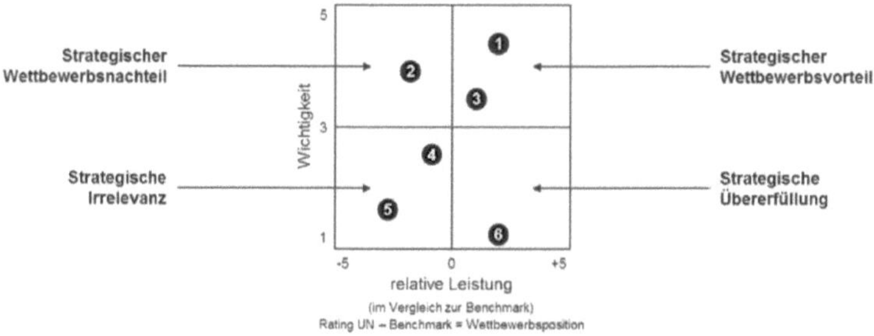

Abbildung 6: Bewertung der Wettbewerbsvorteilsanalyse[25]

Die in Abbildung 6 skizzierten Ergebnisse der Wettbewerbsvorteilsanalyse lassen sich wie folgt interpretieren: Hinsichtlich der Merkmale 1 und 3 verfügt das betrachtete Unternehmen über einen strategischen Wettbewerbsvorteil. Das heißt, die Leistung ist aus Kundensicht wichtig und besser als die Benchmark. Das Unternehmen sollte daher versuchen, diese Anforderungen auch in Zukunft

---

[25] Modifiziert nach Simon & von der Gathen (2010, S. 214).

zu erfüllen, um weiterhin wettbewerbsfähig zu sein. Zudem sollte das Unternehmen strategische Wettbewerbsnachteile ausgleichen – also jene Kriterien optimieren, die Konkurrenten besser erfüllen und die den Kunden wichtig sind, wie beispielsweise Merkmal 2.

Bei den Merkmalen 4, 5 und 6 handelt es sich um Anforderungen des Marktes, die den Kunden weniger wichtig sind. Dennoch sind auch für diese Kriterien Maßnahmen zu ergreifen: Die auf das Merkmal 6 bezogenen Aufwendungen können entweder reduziert werden, da ein Overperforming nicht zu strategischen Wettbewerbsvorteilen führt, oder sie sind zu erhöhen, um zum Beispiel mit Hilfe kommunikationspolitischer Aktivitäten die Bedeutung des Kriteriums in der Wahrnehmung der Kunden zu steigern. Die Leistung hinsichtlich der Merkmale 4 und 5 ist schließlich zu stabilisieren. Zudem sollte der Markt kontinuierlich mit Blick auf Veränderungen analysiert werden, da Verschiebungen auf der Wichtigkeitsskala bei gleichbleibender relativer Leistung zu Wettbewerbsnachteilen des eigenen Unternehmens führen.

Weiterführende Hinweise

Die Wettbewerbsvorteilsanalyse stellt eine Methode dar, mit deren Hilfe sowohl unternehmensexterne als auch unternehmensinterne Informationen zusammengefasst und in einer Matrix verdichtet werden können. Dieses Vorgehen, Wettbewerbsmerkmale aus Kundensicht nach Wichtigkeit und Leistungsfähigkeit zu differenzieren, bietet die Chance, aktuelle oder zukünftige Geschäftsaktivitäten nutzenorientiert zu gestalten und sicherzustellen, dass ein Unternehmen mindestens einen Wettbewerbsvorteil aufweist. Die üblicherweise in Anschlag gebrachten Normstrategien sind einfach zu visualisieren und zu interpretieren. Allerdings sollte bei der Anwendung der Wettbewerbsvorteilsanalyse berücksichtigt werden, dass eine Verdichtung von Informationen in einer Matrix stets mit Komplexitätsreduktion und einer vereinfachten Abbildung der Wirklichkeit einhergeht. Zudem sollte man den Aufwand bei der Datenerhebung nicht unterschätzen. Die erforderlichen Ressourcen, Instrumente und Stichproben sind daher sorgfältig zu planen und auszuwählen.

1.4 Stakeholderanalyse

- *Problemstellung:* Umfassende Analyse der Unternehmens-, Geschäftsbereichs- oder Projektumwelt und Identifikation zentraler Interessengruppen
- *Zielgruppe:* Geschäftsbereichs- und Abteilungsleiter, Marktforscher, Projektleiter, Projektmitarbeiter
- *Voraussetzungen:* Kenntnis aktueller und potenzieller Interessengruppen und Beschaffung von Informationen zu deren Ansichten, Erwartungen und Einflussmöglichkeiten

Zielsetzung der Stakeholderanalyse

Die Umwelt von Unternehmen lässt sich in verschiedene Segmente unterteilen, die man je nach Erkenntnisinteresse mit Hilfe der PESTEL-, der Branchenstruktur- oder der Wettbewerbsanalyse untersuchen kann.[26] Neben glo-

[26] Zu den einzelnen Methoden siehe die Kapitel 1.1, 1.2 und 1.3.

balen Umweltfaktoren, Branchenkräften und Konkurrenten kann man weitere Gruppierungen und Akteure berücksichtigen, die ebenfalls einen wesentlichen Einfluss auf den unternehmerischen Planungs-, Entscheidungs- und Umsetzungsprozess ausüben. Dabei handelt es sich um so genannte Interessen- oder Anspruchsgruppen, die auch als Stakeholder[27] bezeichnet werden: Aktionäre, Mitarbeiter, Kunden und Lieferanten oder Banken, Finanzbehörden und Umweltverbände beeinflussen den Erfolg eines Unternehmens, indem sie die Realisierung von Zielen unterstützen, behindern oder boykottieren können.

Ziel der Stakeholderanalyse ist es, die Beziehungen des Unternehmens zu diesen Gruppierungen zu untersuchen, deren Macht zu bestimmen und Interessenkonflikte aufzudecken, um tragfähige Strategien im Umgang mit den wesentlichen Stakeholdern zu entwickeln.[28] Ein systematisches Stakeholdermanagement setzt insofern voraus, dass man eine breitere Perspektive als bei anderen betriebswirtschaftlichen Methoden einnimmt und die Unternehmensumwelt zunächst mit einem Weitwinkel- und nicht mit einem Teleobjektiv betrachtet. Der Stakeholderansatz kommt jedoch nicht nur bei der strategischen Analyse und Planung, sondern auch im Projekt- oder Changemanagement zum Einsatz, um die erfolgskritischen Akteure zu identifizieren und diese in den unternehmensbezogenen Wachstums- und Veränderungsprozess einzubeziehen.

---

[27] Zur Entwicklung des Stakeholderansatzes siehe vor allem Freeman (1984).

[28] Vergleiche Bea & Haas (2013, S. 112 f).

Beschreibung der Stakeholderanalyse

Stakeholder sind Gruppen oder Individuen, die berechtigte Ansprüche an Unternehmen stellen. Diese können sehr heterogen sein, da interne Stakeholder wie Eigentümer oder Mitarbeiter und externe Stakeholder wie Fremdkapitalgeber oder Kunden verschiedenartige Interessen verfolgen und betriebliche Entscheidungen daher in unterschiedlichem Maße beeinflussen können. So streben zum Beispiel Anteilseigner nach Verzinsung des eingesetzten Kapitals, Mitarbeiter nach Arbeitsplatzsicherheit, Banken nach vertragsgemäßer Tilgung und Kunden nach Produkten mit einem guten Preis-Leistungs-Verhältnis.[29] Als offene, dynamische und marktgerichtete soziale Systeme stehen Unternehmen mit ihrer Umwelt in wechselseitigem Austausch und müssen zur langfristigen Überlebenssicherung die Interessenpluralität der zentralen Bezugsgruppen ausgleichen. Das heißt, die einzelnen Gruppen müssen mit ihren disparaten Interessen identifiziert, untersucht und bewertet werden, um darauf aufbauend geeignete Maßnahmen abzuleiten. Das ist die Aufgabe der Stakeholderanalyse. In deren Mittelpunkt steht die Frage, welche Umweltaspekte man bei der Wahl und Umsetzung der Unternehmensstrategie berücksichtigen sollte und wie bedeutsam die Einflussmöglichkeiten der Bezugs-, Interessen- und Anspruchsgruppen im Einzelnen sind.

Abbildung 7 illustriert am Beispiel einer Hochschule ein typisches Stakeholdernetz. Die einzelnen Gruppierungen werden hinsichtlich der Kategorien Beziehungsintensität und Bedeutung kategorisiert, indem man jene Stakeholder nahe des Zentrums platziert und mit großen Kreisen ver-

---

[29] Vergleiche Wöhe & Döring (2013, S. 51).

sieht, deren Beziehung zur Hochschule eng und deren Bedeutung groß ist. Diese Einteilung versetzt die Hochschulleitung in die Lage, begrenzte Mittel und Kapazitäten zielgerichtet zu allokieren, um die Ansprüche der wesentlichen Bezugsgruppen zu erfüllen.

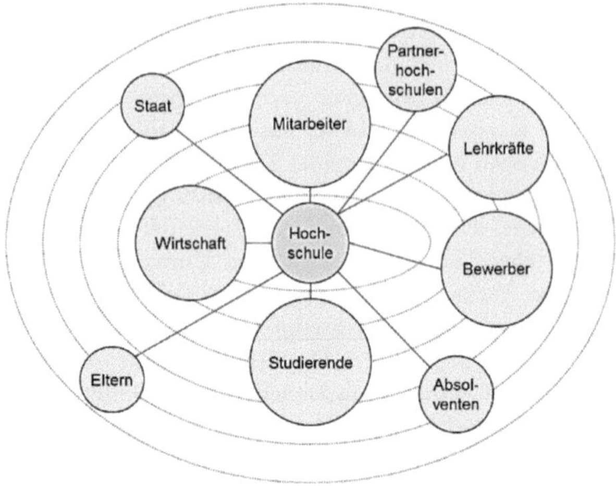

Abbildung 7: Beispielhafte Stakeholder einer Hochschule[30]

Welche Stakeholder jeweils berücksichtigt werden, ist abhängig von der Betrachtungsebene: So können die strategische Analyse und Planung aus der Perspektive des gesamten Unternehmens oder mit Blick auf einzelne Geschäftsbereiche oder funktionale Einheiten wie Beschaffung oder Vertrieb erfolgen. Zudem kann es vor Beginn oder im Verlauf von Projekten sinnvoll sein, interne Einflussnehmer zu identifizieren und deren Machtpotenzial zu bestimmen, um Aktivitäten für den Projekterfolg ab-

30 Modifiziert nach Kreuzer (2005, S. 19).

zuleiten. Insgesamt haben die Anzahl und Komplexität der internen und externen Stakeholder in den letzten Jahren zugenommen. Vor allem global agierende Unternehmen sehen sich mit einer Vielzahl von nationalen und internationalen Anspruchsgruppen konfrontiert, die zum Teil länderübergreifend koordiniert werden müssen. Daraus resultiert nicht nur die Notwendigkeit zu detaillierter Analyse, sondern auch die Herausforderung, adäquat mit neuen Interessengruppen zu interagieren und entsprechende Kommunikationsinstrumente auszuwählen beziehungsweise zu entwickeln.[31]

Anwendungsbereich und Anwendungsprozess

Die Ermittlung des Einflusses von internen und externen Stakeholdern auf die Unternehmensführung und die Analyse der Erwartungshaltungen und Besonderheiten sowie des entsprechenden Beziehungsgeflechtes laufen in folgenden Schritten ab:[32]

- Zunächst werden die innerhalb und außerhalb des Unternehmens existierenden Gruppen identifiziert, die als interne und externe Stakeholder bezeichnet werden. Interne Stakeholder wie Anteilseigner oder Mitarbeiter üben einen direkten Einfluss auf den unternehmerischen Zielbildungs-, Planungs-, Entscheidungs- und Umsetzungsprozess aus. Demgegenüber ist der Einfluss von externen Stakeholdern wie Banken, Lieferanten oder Gewerkschaften meist nur indirekt. Die direkten und indirekten Einflussmöglichkeiten und die entsprechenden Beziehungen werden aufgedeckt, um diese in einer Stakeholderlandkarte oder einem Stakeholdernetz zu visualisieren.

---

31 Vergleiche zum letztgenannten Aspekt Bruhn (2013a, S. 587 ff).

32 Vergleiche Bea & Haas (2013, S. 113).

- Veränderungen im Unternehmensumfeld werden in einem nächsten Schritt in den Blick genommen. So kann sich zum Beispiel das Beziehungsnetz einer Hochschule aufgrund demografischer Entwicklungen oder aufgrund des Trends zu internationalen und praxisorientierten Studiengängen ändern.
- Mögliche Konsequenzen der aufgedeckten Umweltveränderungen werden in einem dritten Schritt analysiert und prognostiziert. So könnte die Anzahl von Studienbewerbern aufgrund sinkender Geburtenraten zurückgehen oder die Bedeutung von Partnerhochschulen und Wirtschaftsunternehmen angesichts der zunehmenden Internationalisierung von Bachelor- und Masterprogrammen und der verstärkten Nachfrage nach Theorie und Praxis integrierenden Bildungsangeboten zunehmen. Zudem könnte der Einfluss von Eltern auf Duale Hochschulen, Fachhochschulen und Universitäten steigen, sofern immer häufiger Abiturienten aufgrund verkürzter Schulzeiten ein Studium noch vor Erreichen der Volljährigkeit beginnen.
- Die gewonnenen Erkenntnisse werden in einem letzten Schritt genutzt, um Chancen und Risiken – zum Beispiel für die hier betrachtete Hochschule – zu bestimmen. Eine systematische Chancen-Risiken-Betrachtung bildet schließlich die Basis für die Suche, Entwicklung und Implementierung geeigneter Strategien im Umgang mit den relevanten Stakeholdern.

Interne und externe Anspruchsgruppen sind sowohl für Unternehmen und Geschäftsbereiche erfolgskritisch, als auch für Veränderungsmaßnahmen und Projekte in Organisationen. Insofern kann eine Stakeholderanalyse nicht nur im Rahmen des strategischen Managements zur Anwendung kommen, sondern auch wenn es um die Einführung eines neuen IT-Systems, die Entwicklung innovativer Produkte oder die Eingliederung akquirierter Unternehmen im Rahmen von M&A-Projekten geht. Auch in diesen Fällen ist es wichtig, Interessen und Einflussmöglichkeiten jener Akteure zu erfassen, die von den beschriebenen Entscheidungen betroffen sind und diese durchsetzen oder blockieren können. Die Vorgehensweise einer Stakeholderbetrachtung im Rahmen des Change- oder Projektmanagements orientiert sich ebenfalls an den Aspekten Identifikation, Analyse, Prognose und Bewertung. Die Durchführung weist allerdings einige Besonderheiten auf, die im Folgenden beschrieben werden:

- Die internen und externen Projektstakeholder werden in einem ersten Schritt identifiziert. Das heißt, es werden Akteure bestimmt, welche die Initiierung, Durchführung und Umsetzung von Projekten beziehungsweise Projektergebnissen beeinflussen können. Dabei sind vor allem jene Stakeholder in den Blick zu nehmen, die einem geplanten Projekt kritisch oder sogar ablehnend gegenüberstehen.
- Das Commitment der relevanten Projektstakeholder sowie deren Interessen und Motivstrukturen werden in einem zweiten Schritt – zum Beispiel im Rahmen von explorativen oder teilstandardisierten Interviews – aufgedeckt. Dabei zeigt sich, dass es Saboteure, Pessimisten, Unbeteiligte, Veränderungsverantwortliche oder Meister des Wandels – so genannte Change Champions – gibt. Abbildung 8 illustriert mögliche Stakeholdertypen, die sich hinsichtlich ihres Aktivitätsniveaus unterscheiden: Demnach sind Saboteure aktiver in der Durchsetzung ihrer Interessen, als beispielsweise stille Zweifler oder Optimisten und daher – im positiven wie im negativen Sinne – bedeutsamer für den Projekterfolg.

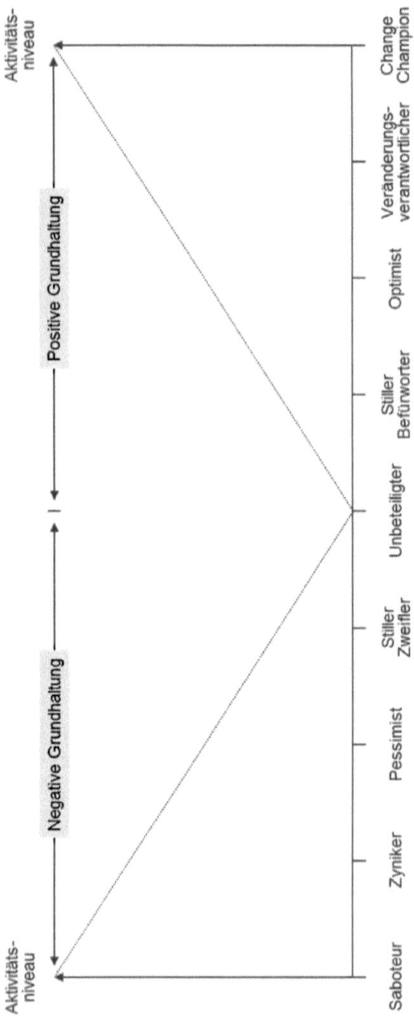

Abbildung 8: Stakeholdertypisierung

Abbildung 9: Stakeholdermatrix

- Im dritten Schritt werden die typisierten Stakeholder anhand der Kriterien Betroffenheit und Einflussmöglichkeit in eine Matrix eingeordnet und danach differenziert, welchem Typ sie aktuell entsprechen beziehungsweise in Zukunft entsprechen sollten. Ein Beispiel: Abbildung 9 zeigt, dass Stakeholder 1 aufgrund seiner hierarchischen Position über großen Einfluss verfügt und von den geplanten Veränderungen in hohem Maße betroffen wäre. Ferner ist erkennbar, dass er dem Projekt aktuell pessimistisch gegenübersteht, es aber mit Blick auf den Projekterfolg wichtig wäre, ihn in die Position eines positiv agierenden Veränderungsverantwortlichen zu entwickeln.

Auf Basis der gewonnenen Erkenntnisse werden schließlich Maßnahmen abgeleitet und Aktivitätenpläne für alle relevanten Stakeholder erstellt, um diese in die gewünschten Soll-Positionen zu bringen, womit die Voraussetzungen für ein erfolgreiches Projekt geschaffen werden.

Ein systematisches und aktives Stakeholdermanagement ist sowohl im Kontext eines Projektes als auch mit Blick auf die Entwicklung von Unternehmens- oder Geschäftsbereichsstrategien erforderlich. Denn der Erfolg eines Projektes oder eines Unternehmens hängt in hohem Maße davon ab, inwiefern es den Führungskräften gelingt, Einstellungen und Erwartungen der Interessenträger zu priorisieren und auszubalancieren, um Austauschbeziehungen nutzenstiftend zu gestalten.[33]

Weiterführende Hinweise

Die Entwicklung von Unternehmens- und Projektstrategien und entsprechenden Kommunikationsmaßnahmen setzt die Kenntnis der Stakeholdererwartungen voraus. Die Bedeutung dieser Erwartungen für die Unternehmensführung hat in den vergangenen Jahren insofern zugenommen, als das System Wirtschaft in zunehmendem Maße mit den Systemen Politik, Recht oder Wissenschaft gekoppelt ist und auf der Basis neuer Kommunikationstechnologien vor großen Herausforderungen steht. Zentrale Bedürfnisse der Stakeholder sind demnach nicht nur zu analysieren, sondern auch zu antizipieren, um für Worst-Case-Szenarien vorbereitet zu sein, wie sie BP, Toyota oder Siemens aufgrund von Unfällen, Fertigungsmängeln oder Schmiergeldzahlungen in den vergangenen Jahren erlebt haben. Unternehmen sollten sich daher nicht nur auf ihre Kunden konzentrieren, sondern auch ein aktives Stakeholdermanagement praktizieren, um ein erfolgreiches Fortbestehen von Unternehmen und Marken zu gewährleisten.

---

[33] Vergleiche Thommen & Achleitner (2012, S. 58).

1.5 Benchmarking

- *Problemstellung:* Identifikation und Umsetzung von Verbesserungsmöglichkeiten auf der Basis eines systematischen Vergleiches von Geschäftsfeldern, Funktionsbereichen, Prozessen oder Produkten mit Spitzenunternehmen
- *Zielgruppe:* Geschäfts- und Funktionsbereichsleiter, Marktforscher und Experten aus den jeweils betroffenen funktionalen Bereichen
- *Voraussetzungen:* Zugang zu Funktions-, Prozess-, Methoden- oder Produktinformationen ausgewählter Referenzunternehmen und eindeutige Abgrenzbarkeit des Untersuchungsobjektes

Zielsetzung des Benchmarking

Die Ermittlung von Stärken und Schwächen eines Unternehmens stellt einen wichtigen Bestandteil des strategischen Analyseprozesses dar. Hierzu kann auf eine Vielzahl von Methoden zurückgegriffen werden – zum Beispiel auf die Wertketten-, Lebenszyklus- oder Produktdeckungsbeitragsanalyse. Allerdings reicht es nicht aus, den Fokus auf das eigene Unternehmen zu richten und Stärken und Schwächen zu ermitteln, sondern Ressourcen und Kompetenzen einer Organisation müssen auch mit jenen des Wettbewerbs verglichen werden, um Anhaltspunkte für erforderliche Veränderungen zu erhalten. Eine Methode, die es ermöglicht, die eigene Marktposition und mögliche Leistungsdefizite durch einen systematischen Vergleich zu bestimmen, ist das Benchmarking. Dabei werden betriebliche Funktionen, Prozesse, Methoden und

Produkte mit den Branchenbesten beziehungsweise mit Weltklassestandards verglichen, um auf der Basis von Leistungsdifferenzen Aktivitäten und Maßnahmen mit dem Ziel zu definieren, selbst die Benchmark – also der Beste der Besten – zu werden.[34]

Beschreibung des Benchmarking

Der Begriff *Benchmark* bezeichnet einen Referenzpunkt der besten Industriepraktiken, der als Zielgröße für Verbesserungsmaßnahmen herangezogen werden kann, während *Benchmarking* den Prozess des Vergleichens mit erfolgreichen Wettbewerbern oder Marktführern unter Berücksichtigung der als relevant eingestuften Referenzwerte kennzeichnet. Als betriebswirtschaftliche Methode ist das Benchmarking etwa seit den 1980er-Jahren etabliert, nachdem der US-amerikanische Kopiergerätehersteller Xerox diesen Ansatz nach schwierigen Jahren der Marktanteilsverluste auf seinem Weg zurück an die Branchenspitze im eigenen Unternehmen etablierte und zum wesentlichen Bestandteil der Unternehmenskultur ausbaute. Xerox ermittelte im Wettbewerbsumfeld ähnliche Prozesse und Methoden und suchte nach besten Werten, um sich mit diesen zu vergleichen. Das Benchmarking hatte dabei drei Zielrichtungen, die auch heute noch relevant für entsprechende Vergleichsstudien sind: Zum einen wurden alle *kundennahen Prozesse und Dienstleistungen* sowie die jeweiligen *Produktqualitäten* in den Blick genommen. Zum anderen standen die Verbesserung des *Unternehmenswertes* und der *Profitabilität* zum Beispiel durch Kostensenkungen und Umsatzsteigerungen im Mittelpunkt. Schließlich wurden Zielwerte herangezogen, um die *Innovationskraft* des Unternehmens durch ein optimiertes Ma-

34 Vergleiche Welge & Al-Laham (2012, S. 402 f).

nagement der Ideenentwicklung und Ideenumsetzung zu erhöhen.[35]

Benchmarking-Objekte			
Funktionen	Prozesse	Methoden	Produkte
Benchmarking-Zielgrößen			
Kosten	Qualität	Zeit	Kundenzufriedenheit
Benchmarking-Formen			
internes Benchmarking	konkurrenzorientiertes Benchmarking	brancheninternes Benchmarking	branchenübergreifendes Benchmarking

Tabelle 2: Benchmarking-Objekte, Benchmarking-Zielgrößen und Benchmarking-Formen

Vor der Durchführung einer Benchmarking-Studie muss man zunächst Entscheidungen hinsichtlich der *Benchmarking-Objekte*, der *Benchmarking-Zielgrößen* und der *Benchmarking-Formen* treffen. Tabelle 2 zeigt, dass die Benchmarking-Objekte Funktionen, Prozesse, Methoden oder Produkte des Unternehmens sein können. Typischerweise werden jene Objekte ausgewählt, die Leistungsdefizite aufweisen und denen eine wichtige Rolle bei der Schaffung von Wettbewerbsvorteilen zukommt. Benchmarking-Zielgrößen sind zum Beispiel Personal-, Material- und Produktionskosten oder Qualitätsaspekte wie Ausschuss- und Reklamationsquoten. Die Zielgröße Zeit umfasst Prozesskennzahlen wie Durchlauf-, Bearbeitungs-,

[35] Vergleiche im Überblick Zairi (1998, S. 5 ff).

Liege- und Wartezeiten oder die Termintreue, während kundenbezogene Ziele die Kundenzufriedenheit oder die Wiederkaufsrate darstellen können. Unternehmen ziehen zu Vergleichszwecken recht häufig eigene Unternehmensbereiche oder Tochtergesellschaften heran. Diese als internes Benchmarking bezeichnete Form bietet den Vorteil, dass die Datenerhebung effizient und kostengünstig erfolgt. Allerdings werden hierbei oft keine optimalen Lösungen und echte Best Practices gefunden, da die interne Überprüfung von Leistungsstandards eine Variante des Qualitätsmanagements und keine zielgerichtete Wettbewerbsanalyse ist. Eine weitere Benchmarking-Form stellt der Vergleich mit externen Partnern dar, wobei entweder direkte Konkurrenten beziehungsweise beste Wettbewerber oder im Rahmen des brancheninternen Benchmarking Standards eines Unternehmens mit der gesamten Branche verglichen werden. Branchenübergreifendes Benchmarking stellt die Leistung eines Unternehmens den besten Organisationen verschiedener Branchen und Märkte gegenüber, um auf diese Weise nicht nur Verbesserungspotenziale, sondern auch Innovationsmöglichkeiten durch einen Blick über den Tellerrand zu ermitteln.[36]

Die Wahl der richtigen Benchmarking-Form kann anhand verschiedener Kriterien getroffen werden. Je nach Zeitrahmen, Informationsbedarf und Ergebniserwartung eignen sich entweder das interne oder die verschiedenen Formen des externen Benchmarking. Müssen beispielsweise in kurzer Zeit Ergebnisse vorgelegt werden, ist ein internes Benchmarking einem branchenübergreifenden vorzuziehen, da Letzteres bei detaillierter Durchführung mehrere Monate in Anspruch nehmen kann. Werden vielfältige und vor allem wettbewerbsbezogene Informationen

---

[36] Vergleiche Alter (2011, S. 139 ff).

benötigt, sind externe Formen zu präferieren. Schließlich können die einzelnen Formen mit Blick auf die zu erwartenden Ergebnisse differenziert werden: Das interne Benchmarking bietet Anhaltspunkte für Detailverbesserungen, während das konkurrenzorientierte und das bracheninterne Benchmarking Wege aufzeigen, wie ein Unternehmen zu den Besten der Branche aufschließen kann. Das branchenübergreifende Benchmarking bietet darüber hinaus Anregungen, die zur Änderung der Regeln der Wertschöpfung und des eigenen Marktauftritts genutzt werden können.[37] So hat beispielsweise Henry Ford die Idee der modernen Fließbandfertigung im Automobilbau wohl auch verschiedenen Besuchen in einer Großschlachterei zu verdanken, in der er beobachtete, wie an Haken fixierte Schweinehälften von Arbeiter zu Arbeiter weitergeschoben wurden.[38]

Anwendungsbereich und Anwendungsprozess

Benchmarking ist keine isolierte Methode, sondern Teil einer Managementphilosophie, in deren Mittelpunkt das ständige Streben nach Verbesserungen steht. Die Anwendung des Benchmarking und die Umsetzung der Benchmarking-Ergebnisse setzen eine flexible Organisation und Veränderungsbereitschaft voraus. Zudem ist es erforderlich, dass valide Daten vorliegen, die mit angemessenem Aufwand erhoben werden können. Grundsätzlich vollziehen sich Benchmarking-Studien in den in Abbildung 10 illustrierten fünf Phasen:[39]

---

[37] Vergleiche zu den einzelnen Formen im Überblick Harrington & Harrington (1996).

[38] Vergleiche Siebert & Kempf (2008, S. 10).

[39] Vergleiche zu den einzelnen Phasen im Überblick Fiedler & Gräf (2012, S. 264 ff) und Welge & Al-Laham (2012, S. 404 ff).

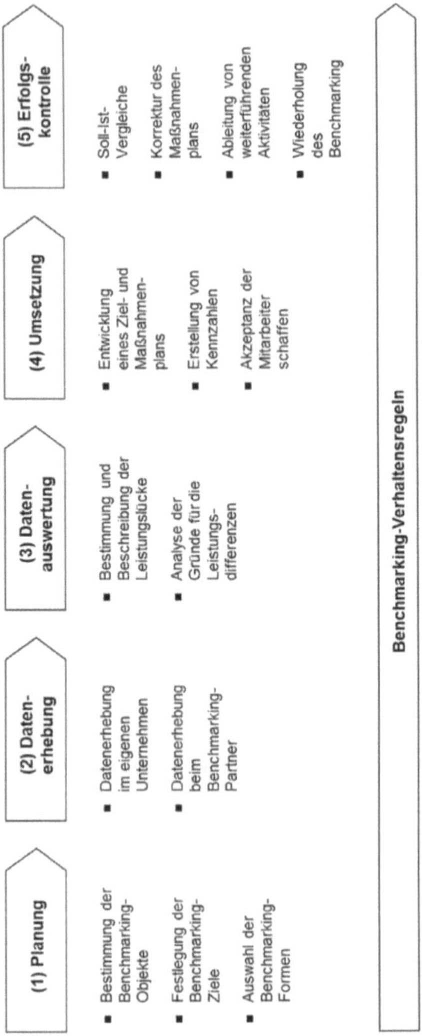

Abbildung 10: Prozessschritte einer Benchmarking-Studie

In der Planungsphase werden die generelle Zielsetzung und die weiteren Rahmenbedingungen des Benchmarking definiert. Das heißt, es werden die Benchmarking-Objekte und die Benchmarking-Zielgrößen ausgewählt und festgelegt, welche Benchmarking-Partner als Vergleichsgruppe dienen sollen. Im Mittelpunkt von Benchmarking-Projekten stehen häufig Unternehmensbereiche mit großem Verbesserungspotenzial oder mit erfolgskritischen Prozessabläufen wie sie in den kundennahen Wertkategorien Marketing, Vertrieb und Service zu finden sind. Zur Auswahl der Benchmarking-Objekte und der Benchmarking-Formen wird vielfach auf das Konzept der Wertkette zurückgegriffen. So hat Xerox zur Festlegung und Systematisierung der Benchmarking-Objekte primäre und sekundäre Wertschöpfungsaktivitäten[40] unterschieden und den einzelnen Bereichen Benchmarking-Partner zugeordnet. Die primären Aktivitäten Marketing, Vertrieb und Ausgangslogistik wurden beispielsweise mit den Unternehmen Procter & Gamble und L.L. Bean verglichen, während in den sekundären Bereichen Rechnungswesen und IT-Infrastruktur American Express und Deere als Vergleichsmaßstab dienten. In der Praxis werden nicht immer Vergleichspartner mit Weltklassestatus herangezogen, da diese oft nicht zugänglich und deren Daten schwer zu beschaffen sind. Wichtig ist jedoch, dass die ausgewählten Partner hinsichtlich der zentralen konstitutiven Merkmale wie Größe oder Rechtsform vergleichbar sind und mit Blick auf die zu analysierenden Ziele wie Kosten oder Qualität ein höheres Leistungsniveau als das eigene Unternehmen aufweisen.

In der zweiten Phase eines Benchmarking-Projektes wer-

---

[40] Vergleiche hierzu Kapitel 1.6, in dem die Wertkettenanalyse von Porter erläutert wird.

den die erforderlichen Daten zunächst intern erhoben, um die Basis für sich anschließende Vergleiche zu schaffen.[41] Bei der Ermittlung der Leistungsgrößen für das eigene Unternehmen ist darauf zu achten, dass die Daten verfügbar, aktuell und nachvollziehbar sind, um diese bei Bedarf replizieren zu können. Daten des Benchmarking-Partners lassen sich sowohl über Beratungsunternehmen und Marktforschungsinstitute beziehen als auch über verschiedene Erhebungsmethoden selbst beschaffen. Hierbei eignen sich sowohl die bekannten Verfahren der Primärforschung wie persönliche Interviews oder Fragebögen als auch Sekundäranalysen von Jahresberichten oder Branchenreports.

Die Phase der Datenauswertung gliedert sich in einen deskriptiven und in einen analytischen Teil. Zunächst werden die Messergebnisse einander gegenübergestellt, um Leistungslücken des eigenen Unternehmens zu erkennen. Die Werte des Benchmarking-Partners können dabei als zu erreichende Sollwerte festgelegt und hinsichtlich ihrer Bedeutung in eine Rangfolge gebracht werden. An die Beschreibung beziehungsweise Deskription der Daten schließt sich die Analyse der Gründe für die entsprechenden Differenzen an, deren Kenntnis erst eine sachgerechte Interpretation der Ergebnisse und eine Ableitung von Maßnahmen ermöglicht.

---

[41] Gelegentlich steht die Erhebung von Kenngrößen im Mittelpunkt von Benchmarking-Studien. Eine zu starke Fokussierung auf Kennzahlen verstellt jedoch den Blick auf Prozesse und Abwicklungsarten des Unternehmens, das als Vergleichspunkt gewählt wurde. Durch das Abschauen und anschließende Anpassen alternativer Ablaufformen können allerdings Wettbewerbsvorteile entstehen, die auf andere Weise kaum zu erzeugen gewesen wären.

Das ausgewertete Zahlenmaterial dient als Ausgangspunkt für einen schrittweisen Abbau von Leistungsdefiziten, indem realistische Ziele und Maßnahmen definiert und gemäß ihrer Wichtigkeit und Dringlichkeit priorisiert werden. Dabei ist darauf zu achten, dass die geplanten Verbesserungen messbar sind und anhand von Kennzahlen bewertet werden können. Neben der Notwendigkeit zur Erstellung eines Kennzahlensystems ist die Umsetzungsphase auch durch Veränderungsmaßnahmen auf Mitarbeiterebene gekennzeichnet. Diese sind in den Prozess zu integrieren, um Akzeptanz als Voraussetzung für die Initiierung und Implementierung von Veränderungen zu schaffen.

In einem letzten Schritt unterzieht man die durchgeführten Aktivitäten einer Erfolgskontrolle, um daraus Rückschlüsse für erforderliche Anpassungen abzuleiten. Demnach ist Benchmarking keine Methode, die einmal angewendet und wie ein Projekt abgeschlossen wird. Benchmarking ist vielmehr ein permanenter Prozess des Vergleichens und Messens, in dessen Mittelpunkt die Schaffung und Erhaltung von Wettbewerbsvorteilen steht.

Bei der Durchführung von Benchmarking-Studien sind bestimmte Verhaltensregeln einzuhalten, die unter anderem das International Benchmarking Clearinghouse des American Productivity and Quality Center aufgestellt hat. Diese sehen zum Beispiel vor, dass Daten legal beschafft und nur für unternehmensinterne Zwecke verwendet werden sollen. Weitere Elemente des so genannten Code of Conduct sind Vertraulichkeit und Gegenseitigkeit, womit angezeigt wird, dass die Benchmarking-Partner keine Informationen an Dritte weitergeben und untereinander vergleichbare Daten austauschen sollen. Hierdurch soll sichergestellt werden, dass kein Projektpartner durch

Datenmissbrauch oder durch das Zurückhalten von Informationen geschädigt beziehungsweise benachteiligt wird.[42]

Weiterführende Hinweise

Der Vergleich mit den Besten bietet zahlreiche Anhaltspunkte, wie Produkte, Prozesse oder Methoden ausgestaltet werden können. Allerdings sollten Unternehmen der Versuchung widerstehen, erfolgreiche Praktiken zu kopieren oder sich an Zielgrößen zu orientieren, die den eigenen Ressourcen und Fähigkeiten nicht entsprechen. Vielmehr kommt es darauf an, Stärken aus- und zentrale Schwächen abzubauen, ohne die Veränderungsmaßnahmen dem Diktat der Benchmark zu unterwerfen. So wie es für einen schlechten Mathematikschüler wenig zielführend ist, sich an dem Klassen- oder Jahrgangsbesten in Mathematik auszurichten, so wenig erfolgversprechend ist es für Unternehmen, Benchmarking-Daten als handlungsbestimmende und unbedingt zu erreichende Sollwerte zu betrachten. Die Ergebnisse von Benchmarking-Projekten bieten die Möglichkeit, von anderen zu lernen und die Ursachen der Leistungsunterschiede im Lichte der eigenen Stärken und Schwächen und vor dem Hintergrund der Bedürfnisse und Erwartungen der Kunden zu analysieren. In diesem Sinne sollten Unternehmen Benchmarking-Ergebnisse als Informations-, Orientierungs- und Lerngröße betrachten[43] und nicht als generellen Erfolgsmaßstab oder zu kopierende Praxis.

---

[42] Vergleiche Stapenhurst (2009, S. 276 ff).

[43] Zur Thematik des Benchmarking als Initialzündung für Innovationsprozesse und zum Themenfeld der Kopplung von Benchmarking und Kreativitätstechniken vergleiche Mieke & Wikarski (2011).

1.6 Wertkettenanalyse

- *Problemstellung:* Analyse aller Funktionen und Aktivitäten eines Unternehmens zur Bestimmung der jeweiligen Wertbeiträge und Wettbewerbsvorteile und entsprechender Verbesserungspotenziale
- *Zielgruppe:* Geschäfts- und Funktionsbereichsleiter, Controller und Experten aus den jeweils betroffenen funktionalen Bereichen
- *Voraussetzungen:* Sachlogische Untergliederung der Gesamtleistung eines Unternehmens in wertschöpfende und unterstützende Teilleistungen

Zielsetzung der Wertkettenanalyse

Wettbewerbsvorteile entstehen, wenn Unternehmen den Abnehmern Produkte und Dienstleistungen bieten, die unter Kosten-Nutzen-Gesichtspunkten jenen der Konkurrenz überlegen sind. Damit Produkte und Dienstleistungen erfolgreich am Markt platziert werden können, sind sowohl Kunden und Wettbewerber als auch Stärken und Schwächen eines Unternehmens zu betrachten. Insofern ist die Umweltanalyse, die unter Rückgriff auf die PESTEL-, Branchenstruktur-, Wettbewerbsvorteils- und Stakeholderanalyse durchgeführt werden kann, durch eine Unternehmensanalyse zu ergänzen. Während die in Kapitel 1.5 diskutierte Methode des Benchmarking Umwelt- und Unternehmensaspekte verbindet, richtet die Wertkettenanalyse den Blick zunächst nach innen – auf die strategischen Fähigkeiten eines Unternehmens. Gemäß dem ressourcenorientierten Ansatz[44] sind es eben jene internen Fähigkeiten und Kompetenzen und deren effiziente Kombination, welche die Wettbewerbsfähigkeit und damit den Unternehmenserfolg bestimmen.

Eine Methode zur Aufdeckung und systematischen Betrachtung von internen Stärken und Schwächen einer Organisation ist die Wertkettenanalyse. Sie liefert wichtige Informationen für die strategische Analyse und Planung, indem sie aufzeigt, welche unternehmensinternen Aktivitäten Wert stiften und damit zur Erzielung von Wettbewerbsvorteilen beitragen. Dabei wird unter einem Wettbewerbsvorteil eine im Vergleich zur Konkurrenz überlegene Leistung verstanden, die vom Kunden wahrgenommen und als relevant eingestuft wird und dauerhaft, das heißt nicht-imitierbar ist. Die Wertkettenanalyse bietet darüber hinaus Anhaltspunkte, wie die Ressourcen und Kompetenzen eines Unternehmens entwickelt beziehungsweise verbessert werden können, um den Kunden mehr Wert zu liefern. Schließlich hilft sie auch, die Frage nach der betriebswirtschaftlich sinnvollen Wertschöpfungstiefe zu beantworten und zu entscheiden, welche Funktionen oder Bereiche im Unternehmen gehalten, welche integriert und welche ausgelagert werden sollen.[45]

---

[44] Der ressourcenorientierte Ansatz, auch als Resource-Based-View bezeichnet, wurde von Wernerfelt (1984) in die Diskussion gebracht. Im Gegensatz dazu sieht der marktorientierte Ansatz, auch Market-Based-View genannt, den Erfolg von Unternehmen vor allem durch externe Faktoren begründet. Siehe hierzu auch Hieke (2009) und Rothfuss (2009).

[45] Vergleiche Grant (2010, S. 131 ff) und Müller-Stewens & Lechner (2011, S. 201 f).

Beschreibung der Wertkettenanalyse

Die Wertkette beziehungsweise Wertschöpfungskette bringt alle Funktionen und Aufgaben eines Unternehmens in eine geordnete Abfolge, die im Allgemeinen mit der Bereitstellung des Ausgangsmaterials beginnt und beim Kundenservice endet. Diese sachlogische und prozessuale Unterteilung der betrieblichen Transformationsschritte bietet die Möglichkeit, jede Teilfunktion auf ihren Wertschöpfungsbeitrag und auf mögliche Wettbewerbsvorteile hin zu untersuchen. Dieser Grundgedanke wurde insbesondere von Porter entwickelt[46], der in seinen Arbeiten darauf hingewiesen hat, dass die Ursachen von Wettbewerbsvorteilen erst deutlich werden, wenn die Gesamtleistung eines Unternehmens in Teilleistungen untergliedert wird. Insofern schlägt er zur Analyse der Wertkette vor, primäre und sekundäre Aktivitäten zu unterscheiden. Die auch als Kern- und Unterstützungsfunktionen bezeichneten und in Abbildung 11 dargestellten Tätigkeiten können wie folgt beschrieben werden:[47]

Zu den *primären Aktivitäten* zählen die Bereiche Eingangslogistik, Produktion, Ausgangslogistik, Marketing, Vertrieb und Kundenservice. Diese Aktivitäten tragen zur eigentlichen Leistungserstellung bei, indem die Waren zunächst erhalten, gelagert und verteilt werden, bevor im Rahmen der Produktion die Umwandlung der Ausgangsstoffe in Produkte oder Dienstleistungen erfolgt. Die Ausgangslogistik umfasst Tätigkeiten wie die Lagerung und Weiterleitung der fertigen Produkte, während die Bereiche Marketing, Vertrieb und Kundenservice unter anderem für die Gestaltung des Marketingmix, den Verkauf und die Wartung von Anlagen oder Geräten verantwortlich sind.

---

[46] Siehe hierzu Porter (2010).

[47] Vergleiche im Überblick Macharzina & Wolf (2012, S. 311).

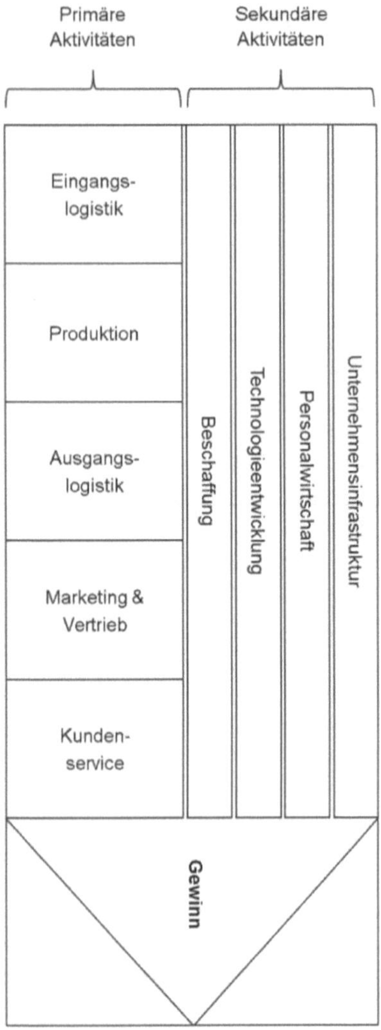

Abbildung 11: Wertkette nach Porter

Die *sekundären Aktivitäten* unterstützen die Erstellung von Produkten oder Dienstleistungen und gewährleisten das unternehmerische Handeln, ohne jedoch selbst eine Wertschöpfung zu bewirken. Sie umfassen laut Porter die Beschaffung, die Entwicklung von Technologien, die Personalwirtschaft und die Unternehmensinfrastruktur. Bei der Beschaffung handelt es sich um Tätigkeiten, welche die Primäraktivitäten mit allen erforderlichen Ressourcen versorgen, während die Technologieentwicklung zum Beispiel durch produktbezogene Forschungsleistungen oder die Entwicklung von IT-Systemen gekennzeichnet ist. Die Personalwirtschaft und die Unternehmensinfrastruktur sind im Allgemeinen nicht nur mit einzelnen, sondern mit allen primären Wertschöpfungsaktivitäten verbunden, indem Mitarbeiter rekrutiert, eingestellt, vergütet, entwickelt und betreut sowie typische Managementaufgaben wie Planung, Führung und Kontrolle übernommen oder das Finanz- und Rechnungswesen bereitgestellt werden.

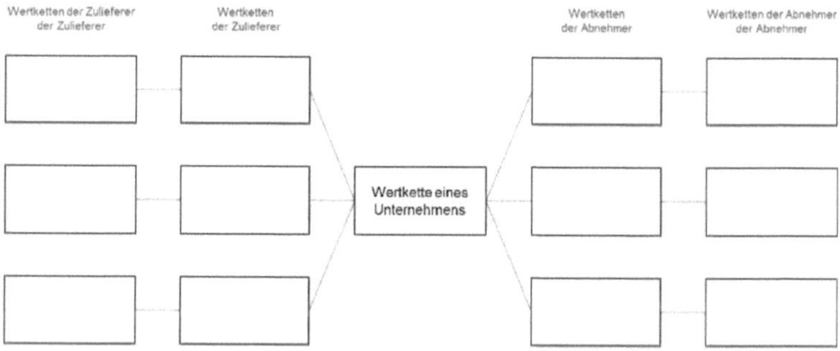

Abbildung 12: Beispielhaftes Wertschöpfungsnetz einer Branche

In der Praxis entsprechen die Wertketten in den seltensten Fällen dem in Abbildung 11 aufgeführten generischen

Modell von Porter, da zum Beispiel die sekundären Aktivitäten in Abhängigkeit von den primären festgelegt werden, die sich wiederum von Unternehmen zu Unternehmen und von Branche zu Branche unterscheiden können. Gleichwohl stellt die Wertkettenanalyse eine etablierte Methode dar, um den Beitrag der jeweils relevanten Unternehmensaktivitäten zur Wertschöpfung zu ermitteln. Dabei wird unter Wertschöpfung der von einem Unternehmen geschaffene Wertzuwachs verstanden, der sich aus der Differenz aus dem Wert des Endproduktes und dem Wert der Eingangsgrößen ergibt. Die Ergebnisse der Wertkettenanalyse können genutzt werden, um Bereiche mit Defiziten in Bezug auf Kosten oder Wert zu optimieren oder um Überlegungen anzustellen, welche Aktivitäten ein- oder ausgegliedert werden sollen.

Die Wertschöpfungskette eines Unternehmens ist nicht nur isoliert, sondern auch im Verbund mit den Wertschöpfungsketten vor- und nachgelagerter Organisationen zu betrachten. Denn die Wertkette eines einzelnen Unternehmens umfasst in der Regel nicht alle Aktivitäten von der Rohstoffgewinnung bis zur Auslieferung an den Endkunden. Vielmehr bilden mehrere Unternehmen ein so genanntes Wertschöpfungsnetz, in dem Produkte und Dienstleistungen durch das Zusammenspiel einer Vielzahl von Organisationen erstellt werden.[48] Wie in Abbildung 12 verdeutlicht, ist es für Unternehmen entscheidend, nicht nur die innerhalb der eigenen Grenzen durchgeführten Aktivitäten zu analysieren, sondern die gesamte Industrie- beziehungsweise Branchenwertkette zu verstehen und abzuleiten, wie die eigene Position in diesem Netz verbessert werden kann. Denn innerhalb eines Wert-

---

[48] Vergleiche Corsten & Corsten (2012, S. 86) und Kotler, Armstrong, Wong & Saunders (2011, S. 78 f).

schöpfungsnetzes gibt es mit Blick auf Umsätze, Kosten und Gewinne zum Teil erhebliche Differenzen. Insofern stellt sich die Frage, in welchen Bereichen des Wertschöpfungsnetzes die größten Gewinnpotenziale vorhanden sind, welche Aktivitäten selbst durchgeführt oder kostengünstigeren Produzenten überlassen werden sollen und mit welchen Unternehmen Kooperationen sinnvoll sein können. So haben zum Beispiel die Entscheider in der Automobilindustrie erkannt, dass eine so genannte Vorwärtsintegration, also die Ausdehnung der Wertkette auf nachgelagerte Fertigungsstufen, gewinnbringend ist, indem sie die ursprünglich auf den Bau eines Automobils beschränkte Wertkette um Werkstätten, Vermietungen und Finanzdienstleistungen erweitert haben.

Anwendungsbereich und Anwendungsprozess

Die Wertkettenanalyse findet vor allem Anwendung, wenn es um die Identifikation von aktuellen oder potenziellen Wettbewerbsvorteilen oder um die Entscheidung der Eingliederung oder Auslagerung von Unternehmensbereichen geht. Dabei stehen insbesondere Kosten und Differenzierungsfaktoren im Mittelpunkt der Analyse, die in folgenden Schritten durchgeführt werden kann:[49]

- Darstellung und Beschreibung der primären und sekundären Aktivitäten,
- Identifikation der Kosten und Kostentreiber je Wertkettenbereich,
- Bestimmung der Differenzierungsfaktoren je Wertkettenbereich,
- Vergleich der eigenen Wertkette mit den Wertketten der Konkurrenz,

---

[49] Vergleiche im Überblick Welge & Al-Laham (2012, S. 365 ff).

- Ableitung von Veränderungsmaßnahmen und Verbesserungsmöglichkeiten.

Die Analyse beginnt mit einer Darstellung und Beschreibung der Wertkette des eigenen Unternehmens. Dabei kann zunächst auf Informationen zur Aufbau- und zur Ablauforganisation zurückgegriffen werden, die wichtige Anhaltspunkte liefern, wie die Strukturen und Prozesse des Unternehmens gestaltet sind. Daran anknüpfend werden in Orientierung an Porter's Modell alle wertschöpfungsrelevanten Aktivitäten identifiziert, in Gruppen eingeteilt und einem Primärbereich zugeordnet. So können beispielsweise auf der Basis einer Liste aller produktionsbezogenen Aktivitäten Gruppen wie Lackierung oder Endmontage gebildet werden, die wiederum der in Abbildung 11 aufgeführten Primäraktivität Produktion angehören. Auf diese Weise gelingt es, alle betrieblichen Aktivitäten zu berücksichtigen, zu kategorisieren und in ein übersichtliches System zu überführen.

Neben den Primäraktivitäten sollten auch die Sekundäraktivitäten Beachtung finden, indem alle relevanten Unterstützungsleistungen ermittelt, gebündelt und den entsprechenden Kategorien Unternehmensinfrastruktur, Personalwirtschaft, Technologieentwicklung oder Beschaffung zugeordnet werden. Dabei zeigt die Praxis, dass sich sowohl die Wertketten von Produktions-, Dienstleistungs- oder Handelsunternehmen als auch die Verknüpfungen und Verflechtungen zwischen den einzelnen Aktivitäten zum Teil erheblich unterscheiden. Je nach Branche weisen die Wertketten unterschiedliche Schwerpunkte auf. Welche Aktivitäten tatsächlich erfolgskritisch sind, kann zum Beispiel anhand der Anteile der Aktivitäten an den Gesamtkosten oder mit Blick auf die Anteile der Aktivitäten an der Gesamtwertschöpfung bestimmt werden. Die Analyse der Beziehungen zwischen den Wertaktivitäten zeigt schließlich, wie beispielsweise Produktionsplanung und Materialbeschaffung oder Absatzpotenzialbestimmung und Lagerbestände zusammenhängen und wie durch eine Optimierung dieser Verknüpfungen zwischen Produktion und Beschaffung beziehungsweise zwischen Marketing und Ausgangslogistik Kosten reduziert und Wettbewerbsvorteile aufgebaut werden können.

In einem zweiten Schritt werden jeder Wertaktivität Kosten zugeordnet und die Gesamtkosten der Wertkette bestimmt. Diese Daten liefern erste Hinweise über Kostenvorteile oder Kostennachteile eines Unternehmens und dienen als Grundlage für die anschließende Strategiewahl, wobei die Umsetzung in der Praxis häufig durch die Tatsache erschwert wird, dass Kosten nach Kostenstellen und nicht nach Wertaktivitäten differenziert vorliegen. Für die einzelnen Wertaktivitäten werden zudem Kostentreiber ermittelt und deren mögliche Entwicklung prognostiziert, um Maßnahmen zur Verbesserung der Kostenposition abzuleiten.

Die Wettbewerbsfähigkeit von Unternehmen wird nicht nur durch deren Kostenstruktur, sondern auch durch Differenzierungsfaktoren beeinflusst, die im dritten Schritt betrachtet werden. Die für die einzelnen Wertaktivitäten analysierten Differenzierungsfaktoren stellen Möglichkeiten eines Unternehmens dar, sich von Konkurrenten abzuheben und Kunden einen höheren Nutzen als der Wettbewerb zu bieten. Die Untersuchung der Differenzierungsfaktoren beginnt daher mit einer Kundenwertanalyse und einer Betrachtung des Kaufverhaltens und der Bedingungen für Kundenzufriedenheit und Kundenbindung. Im Anschluss an die Bestimmung der Kunden und der kaufentscheidenden Faktoren können die einzelnen

Wertaktivitäten nach Faktoren durchsucht werden, die entsprechende Differenzierungsvorteile bieten beziehungsweise den Kaufkriterien der Kunden entsprechen. Schließlich ist zu prüfen, ob die Differenzierungskosten geringer sind als der Betrag, den der Kunde für den Erhalt einer einzigartigen Leistung zu zahlen bereit ist. Ist dies nicht der Fall – übersteigen also die Differenzierungskosten die Zahlungsbereitschaft der Kunden – sind entsprechende Maßnahmen zu ergreifen, um kostenbezogene Wettbewerbsnachteile auszugleichen.

In einem vierten Schritt wird die eigene Wertkette mit den Wertketten konkurrierender Unternehmen verglichen. Dieser Vergleich wird im Allgemeinen nicht erst angestellt, nachdem die beschriebenen Schritte 1 bis 3 zur Gänze durchgeführt wurden. Wettbewerbsvergleiche sind in der Praxis vielmehr parallel zur Identifikation der Kosten und Kostentreiber und der Bestimmung der Differenzierungsfaktoren vorzunehmen. In einem letzten Schritt wird man schließlich Handlungsempfehlungen ableiten, wie die Wertkette strategisch entwickelt und die Wettbewerbsfähigkeit verbessert werden kann, indem eine Bündelung der zur Verfügung stehenden Ressourcen eines Unternehmens auf die erfolgskritischen Aktivitäten erfolgt.

Weiterführende Hinweise

Die Wertkettenanalyse ist eine fundierte Methode zur Identifikation von Stärken und Schwächen eines Unternehmens, deren Ursachen entweder kosten- oder differenzierungsbezogen sind. Die Schwierigkeiten bei der Anwendung bestehen vor allem in der Zuordnung der Kosten zu den einzelnen Wertaktivitäten und in der Beschaffung der für Wettbewerbsvergleiche erforderlichen Daten. Ungeachtet dieser Herausforderungen bietet die

Wertkettenanalyse einen detaillierten und aktivitätsorientierten Einblick in den gesamten Wertschöpfungsprozess. Dabei zeigt sich, dass die Umwelt nur ein erfolgskritischer Faktor ist. Weitere erfolgskritische Faktoren sind die Strukturen, Prozesse, Systeme und Ressourcen, also die Fähigkeiten und Möglichkeiten eines Unternehmens und seiner Mitarbeiter. Insofern lautet die Frage bei der Strategiearbeit nicht Umwelt- „oder" Ressourcenorientierung – wie sie der Market-Based-View beziehungsweise der Resource-Based-View nahelegen –, sondern Umwelt- „und" Ressourcenorientierung. Im Folgenden werden daher weitere Methoden der internen Analyse von Unternehmen vorgestellt, die in Kombination mit den bereits diskutierten Methoden der externen Analyse die Grundlagen für die Entwicklung, Formulierung und Umsetzung erfolgreicher Strategien schaffen.

1.7 7S-Modell

- *Problemstellung:* Identifikation und Bewertung unternehmensspezifischer Erfolgsfaktoren und entsprechender Wechselwirkungen sowie Ableitung von Verbesserungsmaßnahmen
- *Zielgruppe:* Geschäfts- und Funktionsbereichsleiter sowie Führungskräfte und Experten aus unterschiedlichen funktionalen Bereichen
- *Voraussetzungen:* Beschaffung relevanter Informationen zur Bewertung der sieben Faktoren und zur Analyse der jeweiligen Beziehungen und Abhängigkeiten unter Rückgriff auf weitere Methoden der Unternehmensanalyse

Zielsetzung des 7S-Modells

Die Suche nach dem Schlüssel des Erfolges von Unternehmen war bereits mehrfach Gegenstand empirischer Studien. Diese haben im Wesentlichen gezeigt, dass es nicht einen generischen Faktor gibt, der ursächlich für die Entstehung von Spitzenleistungen verantwortlich gemacht werden kann. Die verschiedenen Versuche, die „Unternehmens-DNA“[50] zu entschlüsseln, belegen vielmehr, dass wirtschaftlicher Erfolg das Resultat eines geordneten Zusammenspiels einer Vielzahl quantitativer und qualitativer Faktoren ist. Bei der Suche nach allgemeingültigen und kulturübergreifenden Erfolgsfaktoren haben die McKinsey-Berater Pascale und Athos Vergleiche zwischen japanischen und nordamerikanischen Managementmethoden, Führungsstilen und Organisationsformen angestellt, während ihre Kollegen Peters und Waterman erfolgreiche US-Unternehmen wie IBM, HP oder 3M analysierten.[51]

Die Ergebnisse dieser zu Beginn der 1980er-Jahre vorgelegten Studien führten zur Entwicklung des so genannten 7S-Modells. In diesem Modell werden sieben erfolgsrelevante Aspekte unterschieden, welche die untersuchten Spitzenunternehmen in besonderem Maße kennzeichneten. Pascale und Athos sowie Peters und Waterman ermittelten, dass Unternehmen vor allem dann erfolgreich sind, wenn sie das Augenmerk nicht nur auf die Strategie, sondern gleichermaßen auf Managementpraktiken und Ressourcen des Unternehmens richten. Das 7S-Modell bietet jedoch nicht nur eine empirisch-fundierte Erklärung für Spitzenleistungen, sondern stellt auch eine Methode der

---

50 Siehe Neilson & Pasternack (2006).

51 Siehe Pascale & Athos (1981) und Peters & Waterman (1982).

internen strategischen Analyse dar, mit deren Hilfe Schwachstellen im Unternehmen aufgedeckt und Abhängigkeiten zwischen den Erfolgsfaktoren überprüft werden können. Im Rahmen der ganzheitlichen Betrachtung eines Unternehmens werden sowohl quantitative beziehungsweise harte als auch qualitative beziehungsweise weiche Faktoren berücksichtigt. Insofern stellt das 7S-Modell eine Methode zur Diagnose, Entwicklung und Veränderung von Organisationen und deren zentralen Erfolgsgrößen dar.

Beschreibung des 7S-Modells

Die sieben Faktoren des McKinsey-Modells bilden das Grundgerüst eines erfolgreichen Unternehmens, das sowohl Ausgangspunkt für die Schaffung von Wettbewerbsvorteilen als auch Ansatzpunkt zur Durchführung von Organisations- und Schwachstellenanalysen ist. In Abbildung 13 sind die sieben Faktoren des Modells aufgeführt, die alle mit dem Buchstaben S beginnen – daher der Name 7S-Modell. Neben den drei harten Faktoren *Strategy*, *Structure* und *Systems* werden vier weiche Faktoren – *Skills*, *Staff*, *Style* und *Shared Values* – unterschieden. Während die harten Faktoren kurzfristig neuen Umweltbedingungen und Unternehmenssituationen angepasst werden können, stellen die weichen Faktoren eher zählebige und langfristig orientierte Erfolgskomponenten dar, die durch Konkurrenten nur schwer imitierbar sind und daher in besonderem Maße zur Differenzierung vom Wettbewerb beitragen. Die einzelnen Faktoren des 7S-Modells lassen sich wie folgt beschreiben:[52]

52 Vergleiche im Überblick Siedenbiedel (2008, S. 173 ff).

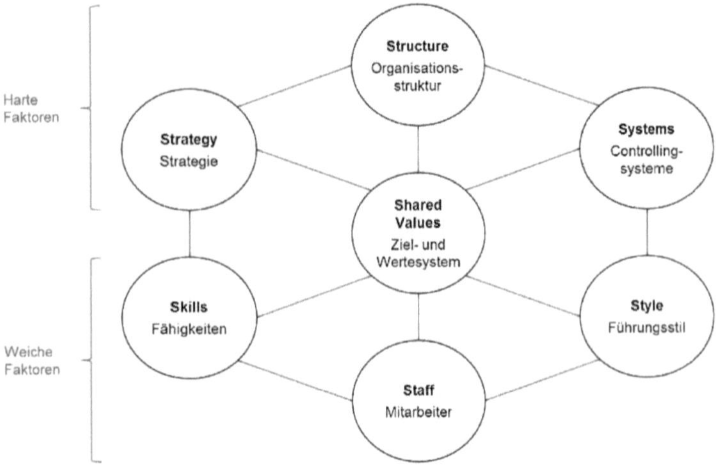

Abbildung 13: Das McKinsey-7S-Modell[53]

Strategy: Mit dem Begriff der Strategie werden alle Maßnahmen zur langfristigen Existenzsicherung eines Unternehmens gekennzeichnet. In diesem Sinne befasst sich das strategische Management mit der Entwicklung, dem Ausbau und dem Erhalt bestehender und neuer Erfolgspotenziale. Dabei wird unter einem Erfolgspotenzial eine wettbewerbs- und kundenrelevante Fähigkeit verstanden, die dauerhafte Gewinne ermöglicht. Strategien lassen sich nach unterschiedlichen Kriterien einteilen und können gemäß dem organisatorischen Geltungsbereich zum Beispiel in Unternehmens-, Geschäftsfeld- und Funktionalstrategien differenziert werden. *Unternehmensstrategien* legen die Struktur einer Organisation fest und bestimmen, welche Märkte mit welchen Leistungen bearbeitet werden

53 Modifiziert nach Pascale & Athos (1981, S. 93).

sollen. In Ergänzung zu der Definition des „Wo" und „Was" beantworten *Geschäftsfeldstrategien* die Frage nach dem „Wie", indem sie Aussagen darüber treffen, mit welchen Maßnahmen Geschäftsfelder gegenüber Kunden und Wettbewerbern positioniert werden können. *Funktionalstrategien* beziehen sich schließlich auf Teilbereiche wie Beschaffung, Produktion oder Absatz und unterstützen durch zielorientierte Aktivitäten die erfolgreiche Realisierung der übergeordneten Geschäftsfeld- und Unternehmensstrategien.

Structure: Die Struktur eines Unternehmens legt fest, wie betriebliche Handlungen gegliedert und geordnet werden. Sie bestimmt damit die Hierarchie, die Entscheidungsbefugnisse und Verfahrensregeln sowie die Verteilung von Aufgaben auf Stellen. Ziel der Strukturierung ist, durch Koordination der Abteilungen, Stellen und Aufgaben Effizienzverluste bei der Zielbearbeitung und Zielerreichung zu minimieren, die in Organisationen durch Nicht-Wissen oder Nicht-Können, also durch Informations- oder Kompetenzdefizite entstehen. Mit dem harten Faktor Struktur wird sowohl die Koordination innerhalb eines Unternehmensbereiches als auch die Koordination zwischen Unternehmensbereichen oder Tochtergesellschaften beschrieben.

Systems: Die Strategie und die Struktur müssen über Prozesse und Programme umgesetzt beziehungsweise zum Leben erweckt werden. Insofern sind ablauforganisatorische Aspekte, Konzepte der Planung und Kontrolle oder Technologien zur Steuerung von Informationen, Kennzahlen und Mitarbeitern erforderlich, die im 7S-Modell als Systeme bezeichnet werden. Dabei handelt es sich ebenfalls um einen harten Faktor, da die genannten Kriterien messbar sind und von den Mitgliedern einer Organisation als objektive Wirklichkeit wahrgenommen werden.

Skills: Mit dem Begriff Skills werden die Kernkompetenzen eines Unternehmens beschrieben. Diese spezifischen Fähigkeiten einer Organisation sind den Kunden häufig bekannt und entscheiden über Erfolg oder Misserfolg eines Unternehmens. So liegen beispielsweise die Skills der deutschen Automobilhersteller in der Entwicklung und Fertigung von Pkw, während sie bei deutschen Banken im Bereich des Vertriebs und in der Vermögensverwaltung zu suchen sind. Ausgangspunkt einer systematischen Analyse der Skills sind Fragen nach dem derzeitigen Vorhandensein und der zukünftigen Entwicklung von Kernkompetenzen sowie nach den aktuellen und sich wandelnden Anforderungen des Marktes.

Staff: Im Unterschied zu den spezifischen Fähigkeiten einer Organisation werden mit dem Faktor Staff die individuellen Fähigkeiten der Mitarbeiter und deren Entwicklung, Förderung und Erhalt durch personalpolitische Maßnahmen gekennzeichnet. Letztere sind insofern bedeutsam, als nicht nur das Sach- und Sozialkapital, sondern auch das Humankapital eine notwendige Bedingung der Überlebensfähigkeit von Unternehmen darstellt.

Style: Führungs- und Arbeitsstile, Umgangs- und Verhaltensformen sowie Werte und Normen bestimmen die als Style bezeichnete Kultur eines Unternehmens. Dabei kann zwischen der geplanten und der gelebten Kultur unterschieden werden. Das heißt, neben der für alle Mitarbeiter offiziell gültigen Soll-Kultur gibt es vielfach eine hiervon abweichende Ist-Kultur, in der beispielsweise unerlaubte Absprachen, Bestechungen oder Mobbing auftreten und gegen Vorschriften und Werthaltungen verstoßen wird.

Shared Values: Die beschriebenen harten und weichen Faktoren werden durch eine Vision und Mission und durch gemeinsame Ziele verbunden, die Identifikationsmöglichkeiten für alle Mitarbeiter darstellen. Die den Zielen übergeordnete Vision und Mission dienen als unternehmensbezogener Kitt, indem sie sowohl Aussagen über zukünftige Wunschzustände[54] treffen als auch Begründungen für die Existenz eines Unternehmens liefern und somit integrative Wirkung entfalten.

Anwendungsbereich und Anwendungsprozess

Weder Pascale und Athos noch Peters und Waterman haben präzise Hinweise geliefert, wie das 7S-Modell bei der Analyse und Gestaltung von Organisationen angewendet werden soll. Unterbelichtet lassen sie auch, wie die Wechselwirkungen zwischen den einzelnen Faktoren aufgedeckt und Verbesserungen initiiert werden können. Ungeachtet dessen haben sich vor allem in der Praxis von Unternehmensberatern zahlreiche Anwendungsmöglichkeiten und Umsetzungsideen ergeben. Demnach kann eine Unternehmensanalyse auf der Basis des 7S-Modells in folgenden Schritten durchgeführt werden:[55]

- Analyse der harten und weichen Faktoren,
- Bestimmung der Wechselwirkungen zwischen den Faktoren,
- Priorisierung des Entwicklungsbedarfs und Ableitung von Konsequenzen.

Die Analyse der harten und weichen Faktoren erfolgt unter Berücksichtigung von Leitfragen. Hinsichtlich der harten Faktoren Strategy, Structure und Systems kann zum Beispiel ermittelt werden, wie man der Konkurrenz begegnen will, ob die Strukturen flexibel und die Entscheidungswege effizient sind und ob das Management durch

---

[54] Kotler, Keller, Brady, Goodman & Hansen (2009, S. 88) bezeichnen die Vision als einen „almost impossible dream“.

[55] Vergleiche im Überblick Kerth, Asum & Stich (2011, S. 66 ff).

geeignete Prozesse und Informationstechnologien unterstützt wird. Mögliche Fragen zur Untersuchung der weichen Faktoren Skills, Staff und Style könnten beispielsweise sein: Welche Kompetenzen sind entscheidend für den Erfolg des Unternehmens? Welche Mitarbeiter werden aktuell und welche in Zukunft benötigt? Welcher Führungsstil und welche Formen der Zusammenarbeit werden gepflegt? Die verbindenden Shared Values lassen sich schließlich analysieren, indem nach der unternehmensweiten Bekanntheit der Vision und Mission gefragt und überprüft wird, ob diese dem Selbstverständnis der Mitarbeiter entsprechen und ob die daraus abgeleiteten Ziele konsistent und auf die übrigen Faktoren abgestimmt sind.

Nach der inhaltlichen Untersuchung der sieben Erfolgsdimensionen anhand eines Fragenkataloges wird eine Matrix zur Bestimmung der Wechselwirkungen zwischen den Faktoren erstellt. Die Matrix illustriert nicht nur Beziehungen und Abhängigkeiten, sondern hilft auch bei der Ermittlung von Konflikten zwischen den einzelnen harten und weichen Faktoren, die dazu führen, dass sowohl das Modell als auch das Unternehmen im Ungleichgewicht sind. Wie in Abbildung 14 dargestellt, sollten alle denkbaren Kombinationen zwischen den Faktoren berücksichtigt und Beziehungen, Konflikte und mögliche Lösungen benannt werden. Ein Beispiel: Bei der Kombination der Faktoren Strategy und Staff könnte sich zeigen, dass die Strategie sehr ambitioniert ist, aber nicht ausreichend an alle Mitarbeiter kommuniziert wurde. Zudem könnte die Analyse ergeben, dass die Mitarbeiterzufriedenheit gering und die Fluktuation hoch ist. Mögliche Lösungen könnten eine verbesserte Kommunikation der unternehmerischen Ziele und Strategien sowie Maßnahmen zur Mitarbeiterbindung und -rekrutierung sein.

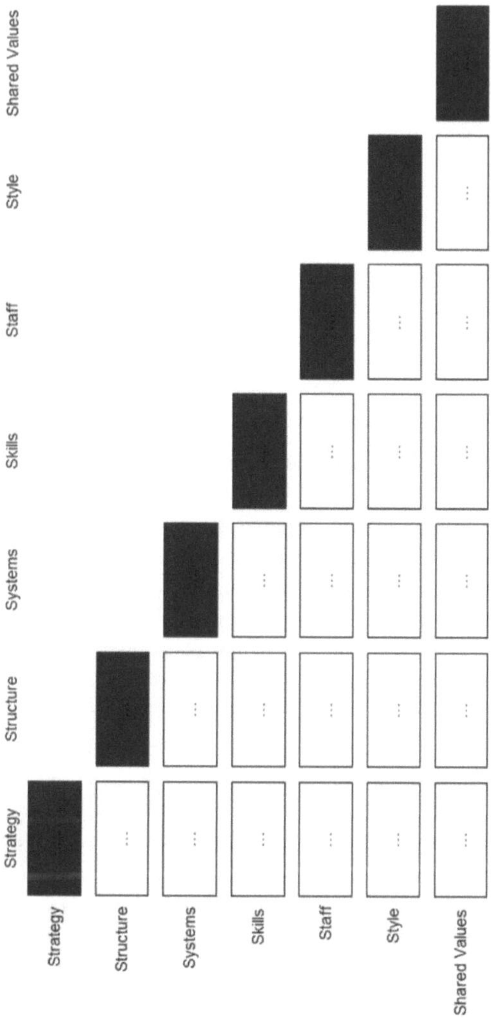

Abbildung 14: Matrix zur Bestimmung der Wechselwirkungen zwischen den Faktoren

In einem letzten Schritt ist der aus der Matrix abgeleitete Entwicklungsbedarf zu bestimmen, indem die ermittelten Konflikte und Lösungsmöglichkeiten hinsichtlich ihrer Bedeutung für die Strategieumsetzung priorisiert werden. Dabei ist zu entscheiden, ob die Faktoren der angestrebten Strategie angepasst werden sollen oder ob die Strategie mit Blick auf die zur Verfügung stehenden Ressourcen modifiziert werden muss. Für gewöhnlich kommen bei der Beantwortung dieser Fragen weitere Methoden zur Anwendung, da die entsprechenden Entscheidungen im Allgemeinen mit weitreichenden Konsequenzen verbunden sind.

Weiterführende Hinweise

Das 7S-Modell stellt eine pragmatische Methode zur Analyse, Planung und Implementierung von Verbesserungsmaßnahmen dar, in deren Rahmen nicht nur die lange Zeit dominierenden harten, sondern auch weiche Faktoren berücksichtig werden. Gemäß dem 7S-Modell zeichnet sich erfolgreiche Unternehmensführung dadurch aus, dass die sieben Dimensionen gleichermaßen beachtet, aufeinander abgestimmt und in ein Gleichgewicht gebracht werden. Unklar bleibt, ob dadurch nachhaltige Erfolge erzielt werden können oder ob weitere Faktoren wie Innovations- und Veränderungsfähigkeit oder Marktorientierung für Spitzenleistungen relevant wären. Neben diesem Kritikpunkt der Konzentration auf ausgewählte Aspekte, die zufälligerweise alle mit dem Buchstaben „S" beginnen, wird ferner darauf hingewiesen, dass das Modell statisch sei und keine Aussagen zulasse, wie Unternehmen in Zeiten des Hyperwettbewerbs[56] geführt werden müssen. Ungeachtet der Relevanz und Validität dieser

---

56 Siehe D'Aveni (1994) und Trout, Rivkin & Wied (2009).

und weiterer Schwächen stellt das 7S-Modell einen sinnvollen Startpunkt zur Unternehmensanalyse dar. Da es wie die meisten betriebswirtschaftlichen Methoden in der Praxis nur Teillösungen bietet, sind weitere Konzepte anzuwenden und deren Ergebnisse zu verknüpfen, um bei der Strategieentwicklung möglichst alle blinden Flecken zu beseitigen und ein einheitliches Bild zu erhalten.

1.8 Erfahrungskurvenanalyse

- *Problemstellung:* Analyse und Prognose des Zusammenhangs zwischen Stückkosten und Produktionsmengen zur Bestimmung von Kostensenkungspotenzialen und Marktanteilssteigerungsmöglichkeiten sowie zur Auswahl geeigneter Strategietypen
- *Zielgruppe:* Produktionsleiter, Produktionscontroller, Marktforscher, Produktmanager
- *Voraussetzungen:* Beschaffung von Herstellungskosten für abgrenzbare Produkte und Zugang zu internen oder externen Vergleichsdaten

Zielsetzung der Erfahrungskurvenanalyse

Erfolgreiche Unternehmen zeichnen sich nicht zuletzt dadurch aus, dass sie auf der Grundlage empirischer Erfahrungen klare Strategien entwickeln und diese konsequent umsetzen. Dabei gelingt es ihnen, Lücken zwischen Planung und Ausführung gering zu halten und Kosten effektiv zu managen. Die Bedeutung von Erfahrungen im Rahmen wertschöpfender Aktivitäten wurde bereits in den 1930er-Jahren in der Flugzeugindustrie erkannt, während die Wichtigkeit eines effektiven Kostenmanagements insbesondere in der jüngeren Vergangenheit in den Mittelpunkt gerückt ist, da unternehmerische Entscheidungen zunehmend an Wirtschaftlichkeitskennziffern ausgerichtet werden. Beide Aspekte, Erfahrungen und Kosten, bilden die Grundlage des so genannten Erfahrungskurvenkonzeptes, das eine Erweiterung des Lernkurveneffektes darstellt. Der Lernkurveneffekt wurde bei der Produktion von Flugzeugen in den USA erstmalig 1936 festgestellt.[57] Es zeigte sich, dass mit zunehmender Produktionsmenge die Produktionszeiten pro Stück zurückgingen. Dies wurde darauf zurückgeführt, dass Menschen bei wiederholter Ausführung gleichartiger Tätigkeiten nicht nur weniger Fehler machen, sondern auch schneller sind. Bezugnehmend auf diese und weitere Erkenntnisse der Lern- und Arbeitspsychologie wurde für die Korrelation zwischen Fertigungszeit und Fertigungsmenge der Begriff Lernkurveneffekt eingeführt. Diesen Effekt brachte in den 1960er-Jahren die Boston Consulting Group – heute eine der größten Managementberatungsgesellschaften weltweit – in Zusammenhang mit der Entwicklung der Wertschöpfungskosten. Diese sind insofern bedeutsam, als sie in einem direkten Zusammenhang mit der Wettbewerbsfähigkeit von Unternehmen stehen. Anders formuliert: Je effizienter das Kostenmanagement eines Unternehmens, desto größer die Chance, Vorteile gegenüber Konkurrenten zu erzielen. Wie aber und in welchem Umfang können Kosten gesenkt werden? Antworten auf diese Frage bietet das Erfahrungskurvenkonzept: Demnach können in schnell wachsenden beziehungsweise ungesättigten Märkten Marktanteile durch

---

[57] Siehe Wright (1936).

eine Erhöhung der Ausbringungsmenge erzielt werden, die wiederum zu einer Reduktion der Stückkosten führt. Zur Planung und Umsetzung der auf diese Weise erzielten Wettbewerbsvorteile kann die Erfahrungskurvenanalyse herangezogen werden. Als eine Methode der Unternehmensanalyse kommt sie vor allem auf Geschäftsbereichsebene zum Einsatz, wenn es um die Frage der Erzielung weiterer Marktanteile und um die Senkung von Kosten beziehungsweise um die Wahl der richtigen Strategie und um die angemessene Allokation von Ressourcen geht.[58]

Beschreibung der Erfahrungskurvenanalyse

Das Konzept der Erfahrungskurve besagt, dass mit einer Verdoppelung der kumulierten Produktionsmenge die inflationsbereinigten Stückkosten um einen konstanten Prozentsatz sinken können, der je nach Branche und Marktsituation zwischen 20 und 30 Prozent liegt. Die in Abbildung 15 dargestellte und empirisch belegte Kostenentwicklung bezeichnet man als Erfahrungskurve, die allerdings nicht den Charakter eines Gesetzes[59] hat – wie vielfach postuliert wird –, sondern vielmehr Potenziale aufzeigt, die durch *Rationalisierung*, *Standardisierung* und *Automatisierung* genutzt werden können. Die Stückkosten

[58] Vergleiche Jones & Hill (2013, S. 123 f) und Müller-Stewens & Lechner (2011, S. 259 f).

[59] Von einem Gesetz spricht man, wenn eine wissenschaftliche Aussage generelle Gültigkeit besitzt (vergleiche im Überblick Schnell, Hill & Esser 2011). Obgleich das Erfahrungskurvenkonzept über einen gewissen „Bewährungsgrad“ (Popper 1994, S. 198) verfügt, kann im engen Sinne nicht von einem statistischen und erst recht nicht von einem deterministischen Gesetz gesprochen werden, da bislang nicht verlässlich nachgewiesen wurde, dass die Ergebnisse des Erfahrungskurvenkonzeptes raum-zeitlich ungebunden sind.

umfassen dabei nicht nur Produktionskosten, sondern auch Kosten für Beschaffung, Marketing oder Vertrieb. Deren Rückgang kann unter Verweis auf folgende Faktoren erklärt werden:[60]

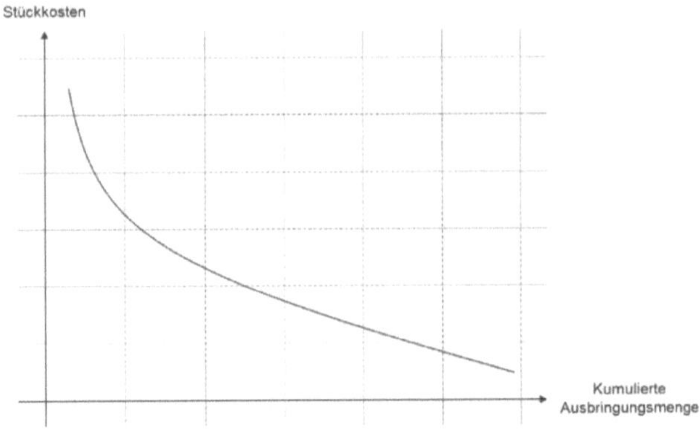

Abbildung 15: Schematische Darstellung der Erfahrungskurve

- Die bereits beschriebenen Lerneffekte, die sich durch die wiederholte Ausführung von gleichartigen Tätigkeiten ergeben, führen zu einer Verbesserung von Fertigungszeit und Fertigungsqualität und damit zu einer Kostenreduktion.
- Neben der durch Lernen verursachten Kostendegression wirken sich technologische Verbesserungen der Anlagen oder der Materialien, aber auch Prozess- und Produktstandardisierungen positiv auf die Kostensituation aus. Diesen Effekt nutzt beispielsweise die Automobilindustrie schon seit einigen Jahren, indem verschiedene Pkw-Modelle auf identischen Plattformen

60 Vergleiche im Überblick Bea & Haas (2013, S. 138 ff).

gefertigt werden. Insbesondere der Volkswagen-Konzern versucht, die Plattformstrategie durch weitergehende Standardisierungen zu perfektionieren. So sollen mit der Einführung des modularen Querbaukastensystems Kosten-, Flexibilitäts- und Qualitätsvorteile gegenüber Toyota und General Motors erzielt werden, damit VW zum größten Autohersteller der Welt aufsteigen kann.

- Eine Erhöhung der Produktionsmenge bietet die Chance, Größenvorteile – so genannte Economies of Scale – zu nutzen. Dieser aus der Massenproduktion bekannte Umstand besagt, dass eine Ausdehnung des Outputs mit gesteigerter Macht auf den Beschaffungsmärkten, mit Fixkostendegressionen und wirtschaftlicheren Produktionsverfahren einhergeht. Das heißt, eine vergrößerte Nachfrage nach Inputfaktoren führt in der Regel zu günstigeren Einkaufskonditionen. Zudem können Fixkosten bei größeren Ausbringungsmengen auf mehr Produkteinheiten verteilt und somit die Kosten pro Einheit reduziert werden. Schließlich ermöglichen erhöhte Stückzahlen eine Umstellung auf effizientere Fertigungsverfahren, wie die von Taylor entwickelte und von Ford umgesetzte Fließbandfertigung, welche die Einzel- oder Werkstattfertigung ablöste.
- Auch Verbundvorteile – so genannte Economies of Scope – können als Folge zunehmender Produktionsmengen realisiert werden. Darunter sind Synergien innerhalb eines Unternehmens oder zwischen verbundenen Unternehmen zu verstehen, die sich ergeben, wenn die Kosten für die gleichzeitige Herstellung von Produkten geringer sind, als die Kosten für die getrennte Produktion der einzelnen Güter.

Die strategische Bedeutung des Erfahrungskurvenkonzeptes besteht vor allem darin, dass Kostensenkungspotenziale ausgelotet, Marktpreise prognostiziert, Make-or-Buy-Entscheidungen abgewogen und Time-to-Market-Strategien festgelegt werden können. Insbesondere mit Blick auf das Timing des Markteintritts oder der Marktausweitung wird deutlich, dass sich bei der Verfolgung einer *Pionier- oder First-Mover-Strategie* schneller Bekanntheits-, Image- oder Erfahrungskurveneffekte einstellen, als bei der Verfolgung einer *Nachzügler- oder Follower-Strategie.* Unternehmen sollten insofern versuchen, auf wachsenden Märkten schnell einen großen Marktanteil zu erzielen, indem sie die Ausbringungsmenge erhöhen und auf diese Weise Stückkosten reduzieren und rentable Ergebnisse erwirtschaften. Diese Logik des Erfahrungskurvenkonzeptes fasst Abbildung 16 zusammen.

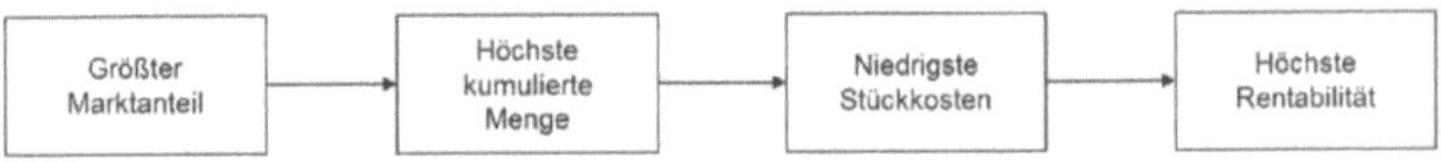

Abbildung 16: Logik des Erfahrungskurvenkonzeptes[61]

Allerdings ist zu berücksichtigen, dass sowohl auf nationalen als auch auf internationalen Märkten die Nachfrage nach Massenprodukten zurückgeht und Kunden immer häufiger individualisierte Angebote erwarten, die nur in kleinen Stückzahlen bereitgestellt werden. Insofern ist vor der Anwendung dieser Methode zu fragen, in welchen

---

[61] Corsten & Corsten (2012, S. 108). Siehe hierzu auch das PIMS-Projekt – im englischsprachigen Kontext als Profit Impact of Market Strategies bekannt –, in dessen Rahmen empirisch belegt wurde, dass eine positive Korrelation zwischen Marktanteil und Rentabilität besteht (vergleiche Buzzell & Gale 1987).

Kunden- und Marktsegmenten sowie in welchem Umfang die Voraussetzungen für die Realisierung von Erfahrungskurvenvorteilen überhaupt noch gegeben sind.[62]

Anwendungsbereich und Anwendungsprozess

Die Erfahrungskurvenanalyse unterscheidet sich von anderen betriebswirtschaftlichen Methoden, da sie nur Anhaltspunkte für die beschriebenen Maßnahmen bietet, nicht jedoch ein standardisiertes Anwendungsprocedere zur Generierung von Marktanteilen und damit verbundenen Stückkostenreduktionen bereitstellt. Ungeachtet dessen hat sich in der Praxis folgende Vorgehensweise als sinnvoll erwiesen:[63]

Der erste Schritt der Erfahrungskurvenanalyse besteht in der Festlegung des Untersuchungsgegenstandes. Das heißt, es ist präzise zu bestimmen, für welche Produkte oder Produktbereiche Marktanteilsausweitungen durch steigende Produktionsvolumina und damit verbundene Kostendegressionen erreicht werden sollen. Die in Betracht kommenden Produkte müssen homogene Herstellungsverfahren und Herstellungsprozesse aufweisen, um die korrelative Kette aus Erfahrungen, Kosten und Marktanteilen bestimmen zu können. Insofern eignet sich ein heterogenes Produktportfolio in aller Regel nicht für die Erfahrungskurvenanalyse – insbesondere dann nicht, wenn die Einzelprodukte auf unterschiedliche Märkte und Kunden ausgerichtet sind und die Produktionsabläufe nur geringe Ähnlichkeiten aufweisen. Umgekehrt können Erfahrungen mit einem Produkt auf andere Produkte übertragen werden, sofern diese hinsichtlich der Kriterien Produktion und Markt vergleichbar sind.

---

62 Vergleiche Bea & Haas (2013, S. 141).

63 Vergleiche im Überblick Kerth & Asum (2008, S. 22 ff).

In einem zweiten Schritt werden Ist-Werte für die ausgewählten Produkte oder Produktbereiche bestimmt. Die Höhe und die Besonderheiten der entsprechenden Stückkosten müssen im Detail analysiert werden. Das heißt, es sind nicht nur die reinen Kosten, sondern auch deren zeitlicher Verlauf seit der Markteinführung des Produktes in Relation zur Produktionsmenge in den Blick zu nehmen. Demnach würde zum Beispiel ein Tablet-PC-Hersteller nicht nur die Stückkosten zu einem bestimmten Zeitpunkt ermitteln, sondern auch prüfen, wie lange das Produkt bereits auf dem Markt ist und welche Änderungen sich mit steigender Ausbringungsmenge ergeben haben. Auf diese Weise würde man für die Tablet-PCs nicht nur präzise Daten zur Bestimmung der Ausgangssituation erhalten, sondern auch Informationen darüber, ob der relevante Markt noch aufnahmefähig für weitere Mengen ist. Wäre dies nicht der Fall, dürften die Spielräume zur Erzielung weiterer Kostenvorteile gering sein. Die im nächsten Schritt beschriebene Planung der Zielwerte sollte entsprechend zurückhaltend erfolgen.

Die Berechnung möglicher Sollwerte basiert für gewöhnlich auf Schätzungen. Hierzu werden in einem dritten Schritt beispielsweise technische Verbesserungen, Prozessoptimierungen oder geänderte Arbeitsabläufe in Betracht gezogen, um die jeweiligen Effekte für die Stückkostenentwicklung zu quantifizieren. Ziel ist es, die potenziell geringsten Stückkosten zu bestimmen und diese als zu erreichende Sollwerte zu definieren. Dabei werden auch Branchen- und Benchmarkingdaten oder Erfahrungswerte aus anderen Geschäftsbereichen herangezogen, um die Sollwerte nicht nur an internen, sondern auch an externen Faktoren auszurichten.

In einem letzten Schritt werden Aktivitäten festgelegt, um die Differenz zwischen Ist- und Sollwerten auszugleichen.

Die gewünschten Kostendegressionseffekte stellen sich insbesondere dann ein, wenn die Aktionsprogramme kontinuierlich aktualisiert und neuen Rahmenbedingungen angepasst werden. Hierzu kann auf verschiedene Methoden wie das Benchmarking oder die Wertkettenanalyse zurückgegriffen werden, die im Mittelpunkt der Kapitel 1.5 und 1.6 stehen. Entscheidend ist, dass die zentralen Hebel zur Kostenoptimierung identifiziert, mit Aktivitäten adressiert und mit Hilfe von Plänen und Kennzahlen überwacht werden, um weitere Absatzmengen und damit verbundene Kostenvorteile zu erzielen.

Weiterführende Hinweise

Kosteneffizienz stellt die Basis für Wettbewerbsvorteile dar. Dies gilt insbesondere für Branchen, in denen kaum oder keine Möglichkeiten bestehen, sich durch Produktdifferenzierung von Konkurrenten abzuheben. Insofern ist die Untersuchung von Kostenvorteilen im Rahmen der strategischen Analyse von besonderer Bedeutung. Dabei können auf der Basis der Erfahrungskurve folgende Kostentreiber näher betrachtet werden: Lern-, Skalen- und Verbundeffekte sowie Technologie- und Standardisierungseffekte. Will man nicht nur Hinweise auf Kostensenkungspotenziale ermitteln, sondern auch die Kostenposition eines Unternehmens ganzheitlich bestimmen, sind weitere Methoden zu berücksichtigen. Denn die Erfahrungskurvenanalyse eignet sich nur in begrenztem Maße, wenn die gesamte Wertschöpfungskette mit allen assoziierten Kosten im Mittelpunkt des Interesses steht. Hierfür sollte eher auf den in Kapitel 1.6 beschriebenen Ansatz von Porter zurückgegriffen beziehungsweise dieser mit der Erfahrungskurvenanalyse kombiniert werden.

2 Strategische Planung, Umsetzung und Kontrolle

Strategien müssen nicht nur analysiert, sondern auch geplant, umgesetzt und kontrolliert werden. Die Aspekte der Planung, Umsetzung und Kontrolle wurden allerdings lange Zeit gegenüber dem Aspekt der Analyse vernachlässigt. Dies lag zum einen daran, dass man bei der strategischen Analyse auf einen größeren Fundus an Methoden und Techniken als bei der strategischen Planung, Umsetzung und Kontrolle zurückgreifen konnte, die zudem in der Handhabung recht einfach waren. Zum anderen erforderte und erfordert vor allem die strategische Umsetzung mehr operatives Know-how und die Fähigkeit, Allgemeines in Spezielles übersetzen zu können. Schließlich wird das Thema der strategischen Umsetzung und Kontrolle häufig unter dem Gesichtspunkt der Performance-Messung betrachtet und demnach auf Messgrößen und Messkriterien reduziert. Obgleich die Strategieimplementierung nicht ohne Kennzahlen auskommt, sollten diese nicht alleiniger Bestandteil der letzten Phase des strategischen Managementprozesses sein. Im Mittelpunkt der Strategieimplementierung sollten vielmehr die Priorisierung, Strukturierung und Abstimmung aller Maßnahmen inklusive deren Überprüfung stehen. Anders formuliert: Wesentliches Kennzeichen der strategischen Umsetzungs- und Kontrollphase ist ein systematisches und zielgrößengesteuertes Aktivitätenmanagement auf allen Ebenen der Unternehmensorganisation und nicht nur Kennzahlenhuberei.

Die Planung und Umsetzung von Strategien in operatives Handeln erfolgt auf verschiedenen Ebenen. Je nachdem ob eine Unternehmens-, eine Geschäftsbereichs- oder eine Funktionalstrategie implementiert werden soll, stehen unterschiedliche Perspektiven im Mittelpunkt. Auf der obersten Strategieebene wird entschieden, in welchen Geschäftsfeldern das Unternehmen tätig sein möchte und ob eine Wachstums-, eine Stabilisierungs- oder eine Desinvestitionsstrategie verfolgt werden soll. Auf Geschäftsbereichsebene wird festgelegt, wie man sich gegenüber Kunden und Wettbewerbern positionieren will und welche Ressourcen hierzu genutzt werden können. Funktionalstrategien stellen schließlich Konkretisierungen unter anderem in den Bereichen Forschung, Entwicklung, Beschaffung, Produktion oder Marketing dar und machen deutlich, welchen Beitrag die funktionalen Bereiche zur Umsetzung der übergeordneten Strategien leisten können. Entscheidend für die Kontrolle der einzelnen Strategietypen ist deren Evaluier- und Messbarkeit. Das heißt, strategische Aktivitäten und Programme müssen prinzipiell überprüfbar sein, wobei sich die Überprüfung im Sinne einer Plan- beziehungsweise Durchführungskontrolle auf die definierten Ziele und Meilensteine oder im Sinne einer Prämissenkontrolle auf die Gültigkeit der gesetzten Annahmen beziehen kann.

Entsprechend der Konzeption dieses Buches bleiben im Folgenden strategische Planungs-, Umsetzungs- und Kontrollansätze unberücksichtigt, die den Charakter von Denkmodellen oder Heuristiken haben und nicht in einzelne Anwendungsschritte zerlegt beziehungsweise als betriebswirtschaftliche Methode betrachtet werden können. Demnach wird man einige Werkzeuge nicht finden, die in einschlägigen Strategielehrbüchern und Management-Toolboxen zum Teil einen prominenten Platz einnehmen. Das Kapitel beginnt mit der SWOT-Analyse, die zwar teilweise dem Bereich der strategischen Analyse zugeordnet wird, aber gemäß der hier vertretenen Auffassung die Brücke zwischen strategischer Analyse einerseits und strategischer Planung und Umsetzung andererseits schlägt und insofern den Anfang der Planungsmethoden bildet.

2.1 SWOT-Analyse

- *Problemstellung:* Identifikation des strategischen Handlungsbedarfs eines Unternehmens oder einer Geschäftseinheit und Ableitung strategischer Optionen und Aktivitäten
- *Zielgruppe:* Geschäftsführer, Geschäftsbereichsleiter, Marktforscher, Business Development Manager
- *Voraussetzungen:* Beschaffung von Informationen zu Stärken und Schwächen eines Unternehmens und zu Chancen und Risiken des Umfeldes sowie Methoden-Know-how und klare Abgrenzung des Untersuchungsobjektes

Zielsetzung der SWOT-Analyse

Die in Kapitel 1 beschriebenen Methoden der strategischen Analyse haben zum Ziel, alle erforderlichen Informationen für die Ableitung strategischer Optionen bereitzustellen. So liefern die Methoden der *Umweltanalyse* Daten über Chancen und Risiken im Umfeld, während die Methoden der *Unternehmensanalyse* Stärken und Schwächen eines Unternehmens oder Geschäftsbereiches aufdecken. Die einzelnen externen und internen Informationen stiften isoliert betrachtet nur begrenzten Nutzen. Für die Entwicklung tragfähiger Strategien müssen sie zusammengeführt und unter Berücksichtigung der jeweiligen Wechselbeziehungen ausgewertet werden. Ein geeignetes Hilfsmittel, die in der Situationsanalyse gewonnenen Daten für die Strategiearbeit zu bündeln, ist die so genannte

SWOT- oder *Stärken-Schwächen-Chancen-Risiken-Analyse.*[64] Im Rahmen dieser Analyse werden die erfolgskritischen Faktoren identifiziert und systematisch ausgewertet. Die Durchführung einer SWOT-Analyse setzt insofern das Vorhandensein unternehmensexterner und unternehmensinterner Informationen voraus, die mit Hilfe anderer Methoden gesammelt wurden. Denn die SWOT-Analyse ist keine Methode zur Informationsgewinnung, sondern ein strategisches Instrument zur Informationsverdichtung, -verarbeitung und -auswertung.

Beschreibung der SWOT-Analyse

Seit vielen Jahrzehnten wird in der Entwicklungspsychologie und in der Sozialisationsforschung darüber gestritten, ob interne Faktoren wie die genetische Ausstattung eines Menschen oder externe Faktoren wie Familie, Schule oder Freundesgruppe die Fähigkeiten eines Individuums stärker beeinflussen. Diese so genannte Anlage-Umwelt-Debatte[65] fand ihren Ursprung bereits in der Antike und prägte das Denken ganzer Forschergenerationen. Nicht ganz so weit zurück reicht die innerhalb der Betriebswirtschaftslehre geführte Kontroverse, ob die Ressourcen eines Unternehmens – also interne Faktoren – oder die Bedingungen der Umwelt – also externe Faktoren – den Erfolg von Unternehmen bestimmen. Folgt man den Argumenten des Resource-Based-View, dann

---

[64] Das von der Harvard Business School in die Diskussion gebrachte Akronym SWOT steht für Strengths, Weaknesses, Opportunities und Threats und bezieht sich demnach auf Stärken und Schwächen eines Unternehmens sowie auf existierende Chancen und Risiken in den jeweiligen Unternehmensumwelten.

[65] Siehe zum Beispiel Berk (2011).

stellen vor allem organisatorische, finanzielle oder humane Ressourcen zentrale Quellen des Erfolges dar. Demgegenüber postuliert der Market-Based-View, dass die Konkurrenzsituation und die eigene Wettbewerbsposition erfolgskritisch sind. Diese beiden Ansätze des strategischen Managements scheinen auf den ersten Blick unvereinbar, obwohl sie sich auf den gleichen Gegenstand beziehen – nämlich auf die Frage, was Unternehmen erfolgreich macht. Bei der Beantwortung dieser Frage hat sich in der jüngeren Vergangenheit die Überzeugung durchgesetzt, dass Ressourcen und Umweltfaktoren gleichermaßen betrachtet und im Zusammenspiel analysiert werden müssen. Als methodische Klammer dient dabei das SWOT-Konzept: Diese betriebswirtschaftliche Methode setzt die Elemente des ressourcenorientierten Ansatzes – interne Stärken und Schwächen – mit umweltorientierten Aspekten – externe Chancen und Risiken – in Beziehung und überwindet auf diese Weise die vermeintliche Unvereinbarkeit der Betrachtungsweisen.[66]

Das SWOT-Konzept verzahnt die strategische Analyse mit der strategischen Planung und der strategischen Umsetzung. Daher steht diese Methode auch am Anfang des vorliegenden Kapitels und wurde nicht – wie zum Teil in anderen Publikationen – den strategischen Analysemethoden zugeordnet. Die SWOT-Analyse bietet zum Beispiel die Möglichkeit, strategische Lücken auf der Basis umfangreicher Daten zu erkennen und mit Hilfe geeigneter Maßnahmen zu adressieren. Strategische Lücken, also Geschäftschancen, welche die Konkurrenz bislang nicht oder nur unzureichend nutzt, werden durch die Verknüpfung interner und externer Faktoren aufgedeckt. Aus der Verknüpfung ergeben sich die in Abbildung 17 dargestell-

---

[66] Vergleiche Hieke (2009, S. 71 f).

	Opportunities ■ … ■ … ■ …	**T**hreats ■ … ■ … ■ …
Strengths ■ … ■ … ■ …	(I) SO-Strategien Stärken des Unternehmens sollen genutzt werden, um Chancen im Umfeld wahrzunehmen	(II) ST-Strategien Stärken des Unternehmens sollen eingesetzt werden, um Bedrohungen im Umfeld zu mildern/zu neutralisieren
Weaknesses ■ … ■ … ■ …	(III) WO-Strategien Schwächen des Unternehmens sollen abgebaut werden, um Chancen im Umfeld zu nutzen	(IV) WT-Strategien Schwächen des Unternehmens sollen abgebaut werden, um Bedrohungen im Umfeld zu reduzieren

Abbildung 17: SWOT-Matrix

ten vier Gruppen von Strategien: *SO-Strategien* rücken die Stärken eines Unternehmens in den Mittelpunkt und zielen darauf ab, Chancen im Umfeld wahrzunehmen. *ST-Strategien* geben Antworten auf die Frage, inwiefern externe Bedrohungen durch den Einsatz interner Stärken gemildert oder neutralisiert werden können. Die Kombination von Schwächen und Chancen führt zu *WO-Strategien*, deren Ziel es ist, durch einen Abbau von Schwächen die positiven Möglichkeiten des Umfeldes zu nutzen. *WT-Strategien* kommt schließlich eine große Bedeutung zu, da hier Schwächen auf Gefahren treffen. Insofern müssen Verteidigungsmaßnahmen entwickelt werden, die Aussagen darüber enthalten, wie durch einen Abbau von Schwächen Gefahren im Unternehmensumfeld reduziert werden können. Die integrierte Betrachtung der zentralen Umwelt- und Unternehmensfaktoren ermöglicht die Ableitung zahlreicher strategischer Optionen, die hinsichtlich ihrer Bedeutung priorisiert werden müssen, da nur die wichtigsten, potenziell erfolgswirksamen und auch realisierbaren SO-, ST-, WO- und WT-Strategien mit Aktivitäten und Kennzahlen hinterlegt werden sollten.[67]

Anwendungsbereich und Anwendungsprozess

Die Bestimmung möglicher Handlungsoptionen erfolgt auf der Grundlage von Daten, die mit Hilfe einer Vielzahl unterschiedlicher Methoden gewonnen werden. Insgesamt kann man folgende fünf Schritte im Rahmen einer SWOT-Analyse unterscheiden:

- Identifikation unternehmensexterner Chancen und Gefahren,
- Identifikation unternehmensinterner Stärken und Schwächen,

---

67 Vergleiche Dillerup & Stoi (2013, S. 271 ff).

- Priorisierung der einzelnen Umwelt- und Unternehmensfaktoren,
- Integrierte Betrachtung der priorisierten Faktoren im Rahmen der SWOT-Matrix,
- Ableitung, Priorisierung und Umsetzung strategischer Handlungsmöglichkeiten.

Zunächst sind beispielsweise unter Rückgriff auf die Umwelt-, Branchenstruktur-, Wettbewerbs-, Stakeholder- und Benchmarkinganalyse alle relevanten Umfeldfaktoren zu bestimmen. Diese in Kapitel 1 vorgestellten Methoden liefern ein detailliertes Bild über Chancen und Gefahren, mit denen ein Unternehmen direkt oder indirekt konfrontiert ist beziehungsweise in Zukunft konfrontiert sein könnte. Zusätzlich kann man spezifische Kundeninformationen berücksichtigen, die beispielsweise die Means-End- oder die Kundenzufriedenheitsanalyse liefern.[68] Die einzelnen Informationen werden dokumentiert und gegebenenfalls in Gruppen eingeteilt, um zum Beispiel allgemeine Markt- von Kunden- oder Wettbewerbsdaten abzugrenzen.

Die Wertketten-, Produktlebenszyklus- und Erfahrungskurvenanalyse sowie das 7S-Modell stellen Informationen zu Stärken und Schwächen eines Unternehmens bereit. Analog zur Synopse externer Chancen und Gefahren werden die internen Daten zusammengetragen und in Stärken-Schwächen-Profilen verdichtet. Stärken können beispielsweise das Leistungsangebot, die Produktqualität oder der Kundenservice und Schwächen die Eigenkapitalausstattung, das Preismanagement oder die Mitarbeiterfluktuation sein.

---

[68] Vergleiche im Überblick Nagel & Mieke (2014b).

Die Fülle an umwelt- und unternehmensbezogenen Daten muss man in der Regel durch Priorisierung reduzieren. Das heißt, es werden nicht alle in den Schritten 1 und 2 identifizierten Informationen im Rahmen der integrierten Betrachtung externer und interner Faktoren berücksichtigt, sondern nur die wesentlichen und erfolgskritischen. Diese werden aufbereitet und in einem nächsten Schritt in die SWOT-Matrix eingetragen, die von einer Umwelt- und einer Unternehmensachse gebildet wird.

In einem letzten Schritt werden die priorisierten Stärken und Schwächen mit den entsprechenden Chancen und Gefahren kombiniert und strategische Optionen analog der Darstellung in Abbildung 17 entwickelt. Dabei kann es passieren, dass man zu viele Handlungsmöglichkeiten bestimmt, die unter anderem aufgrund fehlender Ressourcen nicht zur Gänze verfolgt werden können. Daher sollte man die einzelnen Optionen in eine Rangfolge bringen, um die Implementierung unter den jeweils gegebenen Bedingungen optimal zu gestalten. Zur Bewertung kann auf Scoring-Modelle beziehungsweise Nutzwertanalysen zurückgegriffen werden, die trotz ihres subjektiven Charakters wertvolle Hilfestellungen bei entsprechenden Entscheidungsproblemen bieten.

Abbildung 18 illustriert die Ergebnisse einer SWOT-Analyse eines Chemiedienstleisters. Das Unternehmen bietet Dienstleistungen entlang der gesamten Wertschöpfungskette von Produktionsanlagen, die sowohl die Aspekte Sicherheit und Umweltschutz als auch die Bereiche Standortplanung und Standortmanagement umfassen. Aus der Kombination der Stärken und Schwächen sowie Chancen und Risiken ergeben sich handlungsorientierte Aussagen, die mit konkreten Aktivitäten hinterlegt werden können.

	Opportunities ■ Steigender Beratungsbedarf ■ Sicherheits-/Qualitätsbewusstsein ■ Nachfrage nach Engineering ■ Neukunden ohne Standortbetreuung	**Threats** ■ Schwankungen im Projektgeschäft ■ Preisdumping von Wettbewerbern ■ Gestiegene Kundenanforderungen ■ Neue Wettbewerber
Strengths ■ Qualitäts- und Technologieführer ■ Internationale Projekterfahrung ■ Effiziente Geschäftsprozesse ■ IT-Plattform für Datenmanagement	(I) SO-Strategien ■ Nutzung existierender Teilprodukte als Türöffner bei Neukunden ■ Vermarktung der umfangreichen Anlagenexpertise entlang der gesamten Wertschöpfungskette	(II) ST-Strategien ■ Akquisition kleiner Wettbewerber zur Erweiterung des Produktportfolios ■ Erschließung neuer Märkte (Belgien, Niederlande, China)
Weaknesses ■ Begrenzte personelle Ressourcen ■ Marketing- und Vertriebsaktivitäten ■ Hohe Personalkosten ■ Unvollständiges Produktportfolio	(III) WO-Strategien ■ Professionalisierung von Marketing und Vertrieb durch Änderung der Aufbau- und Ablauforganisation ■ Rekrutierung von Prüfingenieuren ■ Regionenspezifische Erweiterung des Produktportfolios	(IV) WT-Strategien ■ Entwicklung eines flexiblen Preismanagementsystems ■ Einführung von Value Pricing ■ Entwicklung eines Systems zur Steuerung von Auslastungsspitzen

Abbildung 18: Beispielhafte SWOT-Analyse eines Dienstleistungsunternehmens

Ein Beispiel: Die ST-Strategie „Akquisition kleiner Wettbewerber zur Erweiterung des Produktportfolios" lässt sich beispielsweise in Maßnahmen wie das Identifizieren geeigneter Übernahmekandidaten und die Durchführung einer Sorgfältigkeitsprüfung bei den als geeignet eingestuften Zielobjekten übersetzen. Im Kontext von Unternehmensübernahmen spricht man diesbezüglich von der so genannten *Due Diligence*.[69] Dabei handelt es sich um eine Detailprüfung insbesondere der wirtschaftlichen, rechtlichen oder technischen Verhältnisse eines potenziellen Übernahmekandidaten. Die damit verbundenen Aktivitäten können in weitere Teilprojekte mit entsprechenden Verantwortlichkeiten zerlegt werden, um auf diese Weise sicherzustellen, dass die gewünschte strategische Option nicht nur als analytisches Substrat auf dem Papier existiert, sondern in der Praxis seine Umsetzung findet.

Weiterführende Hinweise

Bei der SWOT-Analyse handelt es sich um eine bekannte und in der Praxis bewährte Methode des strategischen Managements, die ihre volle Wirkung allerdings nur dann entfaltet, wenn sie in analytischer und nicht in deskriptiver Hinsicht angewendet wird. Das heißt, das Auflisten von Stärken, Schwächen, Chancen und Risiken in einer Vier-Felder-Matrix erfüllt lediglich den Zweck der Beschreibung eines bestimmten Status quo, stellt aber noch keine SWOT-„Analyse" dar. Anhaltspunkte für konkrete Handlungsmöglichkeiten und deren Umsetzung erhält man nur, wenn man über die Beschreibung der einzelnen Sachverhalte hinausgeht und die jeweiligen Faktoren einer Kombinationsanalyse unterzieht. Dabei sind die erzielten Ergebnisse trotz des Bemühens um analytische Stringenz in aller Regel nicht objektiv, da die Auswahl, Priorisierung

---

[69] Siehe zum Beispiel Jansen (2008) oder Wirtz (2012).

und Verknüpfung der Umwelt- und Unternehmensaspekte subjektiven Einschätzungen und Bewertungen unterliegen. Das Gütekriterium Objektivität lässt sich jedoch verbessern, indem man im Vorfeld der SWOT-Analyse auf die in diesem Buch beschriebenen betriebswirtschaftlichen Methoden zurückgreift und die entsprechenden Daten als Grundlage für die Strategieentwicklung und Strategieumsetzung nutzt.

2.2 Marktwachstum-Marktanteil-Portfolio: BCG-Matrix

- *Problemstellung:* Beschreibung und Bewertung der strategischen Situation eines Unternehmens und Ableitung entsprechender Normstrategien zur finanziellen Ausbalancierung des Gesamtportfolios
- *Zielgruppe:* Geschäftsführer, Geschäftsbereichsleiter, Controller, Marktforscher, Produktprogrammplaner, Portfoliomanager
- *Voraussetzungen:* Vorliegen einer Liste differenzierter Geschäftsfelder und Zugriff auf Marktwachstumsdaten der einzelnen Geschäftsfelder und auf Marktanteile des eigenen Unternehmens und der größten Wettbewerber

Zielsetzung der BCG-Matrix

Das Thema der privaten Geldanlage hat in der jüngeren Vergangenheit für viele Menschen an Bedeutung gewonnen. Hierfür verantwortlich sind unter anderem die steigende Lebenserwartung in Deutschland und die Schwierigkeit der gesetzlichen Rentenversicherung, die finanzielle Absicherung im Alter zu gewährleisten. Daher machen sich nicht nur institutionelle, sondern auch immer mehr private Anleger Gedanken, in welche Wertpapiere sie investieren sollen und wie eine optimale Mischung unter Berücksichtigung der Verlustrisiken einerseits und der Renditechancen andererseits gefunden werden kann. Antworten auf die Frage nach einer effizienten Zusammensetzung des Investitionsportfolios bietet die in den 1950er-Jahren von dem Nobelpreisträger Markowitz begründete *Portefeuille-Theorie*.[70] In deren Mittelpunkt steht nicht die Bewertung jeder einzelnen Anlage, sondern das Bemühen, das aus Aktien oder Wertpapieren gebildete Gesamtportfolio zu optimieren. Diesen Grundgedanken hat die 1963 gegründete Boston Consulting Group Ende der 1960er-Jahre auf das strategische Management übertragen. Die US-amerikanische Beratungsgesellschaft entwickelte einen Ansatz, in dessen Rahmen Unternehmen als Portfolio unterschiedlicher Geschäftsfelder betrachtet werden. Analog zu Investitionsentscheidungen von Privatpersonen müssen Geschäftsführer festlegen, in welche Bereiche investiert und aus welchen Bereichen Geld abgezogen werden soll. Dabei werden Geschäftsfelder wie Investitionsobjekte betrachtet, die in das Portfolio aufgenommen und entwickelt und aus diesem gegebenenfalls wieder entfernt werden können, wenn die gewünschten Erträge ausbleiben. Ziel der Portfolioanalyse ist es zu bestimmen, welche Kombination von Geschäftsfeldern für das Unternehmen optimal ist und welchen Bereichen Ressourcen zugeordnet werden sollen. Dabei handelt es sich typischerweise um Geschäftsfelder mit günstigen Markt-

[70] Siehe Markowitz (1952).

aussichten, in denen Unternehmen existierende Stärken gewinnbringend einsetzen können. Verfolgt man das beschriebene Ziel der Bewertung und optimalen Gestaltung einzelner Geschäftsfelder, kann man auf das von der Boston Consulting Group entwickelte Marktwachstum-Marktanteil-Portfolio zurückgreifen, das auch als BCG-Matrix bezeichnet wird.[71]

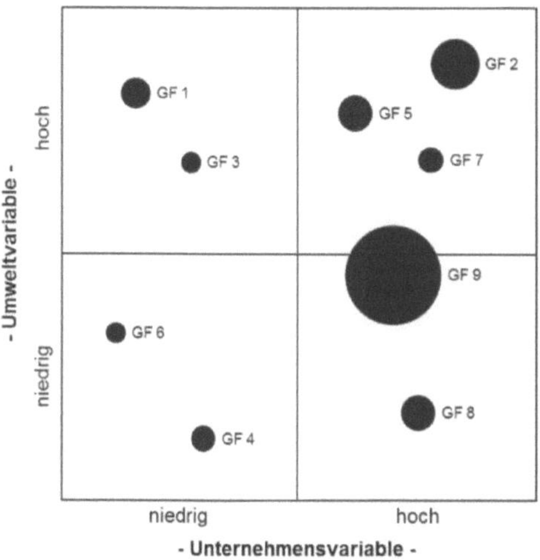

Abbildung 19: Grundaufbau von Unternehmensportfolios[72]

Beschreibung der BCG-Matrix

Portfolioanalysen verfolgen das Ziel, Produkt-Markt-Strategien zu entwickeln und zu bestimmen, wie Ressourcen möglichst gewinnbringend eingesetzt werden können. Abbildung 19 illustriert, dass man beim Aufbau von Port-

[71] Vergleiche Fink (2004b, S. 28).

[72] Modifiziert nach Macharzina & Wolf (2012, S. 356).

folios stets eine Umwelt- und eine Unternehmensvariable berücksichtigt und die Geschäftsfelder anhand dieser Variablen bewertet und im Koordinatensystem entsprechend positioniert. Das in Abbildung 19 mit GF 1 abgekürzte Geschäftsfeld 1 würde sich demnach auf einem stark wachsenden Markt befinden, aber nur über einen geringen Marktanteil verfügen, sofern man als Umweltvariable das Marktwachstum und als Unternehmensvariable den Marktanteil betrachtet. Der zweidimensionalen Matrix kann man jedoch nicht nur die Umwelt-Unternehmens-Positionierung der Geschäftsfelder entnehmen, sondern man kann auch deren Bedeutung anhand der Kreisgrößen abschätzen. Je größer die Kreise, desto höher der Umsatz des jeweiligen Geschäftsfeldes in Relation zum Gesamtumsatz des Unternehmens. Diesem Ist-Portfolio wird in der Praxis im Allgemeinen ein Ziel-Portfolio gegenübergestellt, um deutlich zu machen, in welche Richtung sich die betrachteten Geschäftsfelder entwickeln sollten. Diese Art der Portfolioanalyse kommt immer dann zur Anwendung, wenn Planungsentscheidungen nicht isoliert für ein einzelnes Geschäftsfeld oder ein einzelnes Produkt getroffen werden sollen. Für diese Fälle könnte man zum Beispiel auf die Kapitalwertmethode zurückgreifen, die auch als Net Present Value-Verfahren bekannt ist, um den Nutzen einer potenziellen Investition zu bestimmen. Sind hingegen das Wechselspiel mehrerer Planungsobjekte und eine mögliche Risikostreuung von Interesse, eignet sich für die Strategiearbeit vor allem die Portfolioanalyse. Dabei ist festzulegen, welche Bereiche des Unternehmens in die Betrachtung einbezogen und auf welche Bereiche der Umwelt ausgerichtet werden sollen. Typischerweise werden Produkte zu strategischen Geschäftseinheiten zusammengefasst, die auf strategische Geschäftsfelder ausgerichtet sind. Die durch Segmentierung der Umwelt entstehenden strategischen Geschäftsfelder dienen schließlich als Planungsobjekte im Rahmen der Portfolioanalyse. Diese Objekte werden sowohl unter Risiko- als auch unter Ertragsgesichtspunkten im Überblick betrachtet und mit Aktivitäten hinterlegt, um Synergien zu nutzen und um die langfristige Überlebenssicherung des Unternehmens zu gewährleisten.[73]

Bei der BCG-Matrix handelt es sich um das vermeintlich bekannteste und am häufigsten angewendete absatzmarktorientierte Portfoliokonzept, dessen Zielgröße der *Cashflow* ist. Beim Aufbau der Matrix werden eine Umwelt- und eine Unternehmensdimension berücksichtigt: das *Marktwachstum* und der *relative Marktanteil*. Das Marktwachstum repräsentiert die Chancen in der Umwelt, während der relative Marktanteil als Indikator für die Stärken des Unternehmens dient. Gemessen wird das Wachstum eines Marktes unter Berücksichtigung von Umsatz- oder Absatzraten, während sich der relative Marktanteil als Quotient aus dem eigenen Marktanteil und dem Marktanteil des stärksten Wettbewerbers ergibt. Zur Bestimmung der Marktstellung eines Unternehmens wird nicht der absolute, sondern der relative Marktanteil herangezogen, da „der absolute Marktanteil für sich genommen, vor allem solange er unter 50 Prozent liegt, keine hinreichende Aussage über das Verhältnis der eigenen Stärke auf einem Markt im Vergleich zur Konkurrenz erlaubt"[74]. Die theoretisch-methodische Grundlage der BCG-Matrix bilden das Lebenszykluskonzept und die Erfahrungskurve.[75] Produkte oder Märkte entstehen, wachsen, reifen, altern und verschwinden gegebenenfalls wieder. In Abhängigkeit vom

---

[73] Vergleiche Bea & Haas (2013, S. 143 f) und Macharzina & Wolf (2012, S. 354 ff).

[74] Fink (2009, S. 203).

[75] Vergleiche im Überblick Nagel & Mieke (2014a, S. 263 ff) beziehungsweise Kapitel 1.8.

jeweiligen Lebenszyklus ergeben sich Chancen und Risiken für Unternehmen in Bezug auf die geplanten Investitionsentscheidungen. Aus dieser Erkenntnis leitet sich der umweltbezogene Erfolgsfaktor Marktwachstum ab. Demgegenüber ergibt sich der unternehmensbezogene Erfolgsfaktor Marktanteil aus der Logik der Erfahrungskurve, die besagt, dass auf der Basis von Erfahrungen effiziente Strukturen aufgebaut, Produktionsmengen erhöht, Stückkosten gesenkt und Marktanteile hinzugewonnen werden können. Unter Berücksichtigung dieser beiden Indikatoren kann man die BCG-Matrix erstellen, sofern Geschäftsfelder mit klar abgegrenzten Marktsegmenten vorliegen, die unabhängig gegenüber anderen Geschäftsfeldern sind. Ausgehend von der Position einzelner Geschäftsfelder oder Produkte können Handlungsempfehlungen beziehungsweise Normstrategien für die in Abbildung 20 dargestellten *Question Marks*, *Stars*, *Cash Cows* und *Poor Dogs* abgeleitet werden.[76]

Abbildung 20: BCG-Matrix

[76] Vergleiche Fink (2009, S. 201 ff) und Müller-Stewens & Lechner (2011, S. 285).

- Question Marks sind Geschäftsfelder, die einen geringen Marktanteil aufweisen, aber auf wachsenden Märkten positioniert sind. Meist handelt es sich um innovative Produkte, die bezuschusst werden müssen, um sich mittelfristig in Starprodukte zu verwandeln. Das heißt, diese Geschäftsfelder zeichnen sich durch einen hohen Finanzbedarf für Forschung, Entwicklung und Markteintritt aus, der durch andere Geschäftsfelder mit einem positiven Cashflow gedeckt werden muss.
- Stars sind Zukunfts- oder Hoffnungsprodukte eines Unternehmens, die auf attraktiven Märkten hohe Marktanteile erreicht haben. Erhalt und Ausbau der Wettbewerbsstärke erfordern allerdings Finanzmittel, welche diese Geschäftsfelder nur zum Teil selbst generieren. Insofern befindet sich der Netto-Cashflow bei Starprodukten in der Regel im Gleichgewicht, da sich der erwirtschaftete und der für Reinvestitionsmaßnahmen erforderliche Cashflow die Waage halten.
- Cash Cows sind Geschäftsfelder mit Zahlungsüberschüssen, da sie aufgrund der guten Wettbewerbsposition solide interne Finanzquellen darstellen, aufgrund des geringen Marktwachstums jedoch kaum Investitionen binden. Das heißt, für Cash-Geschäftsfelder sollten zum Beispiel nur jene produkt- oder kommunikationspolitischen Maßnahmen ergriffen werden, die zur Nutzung vorhandener Potenziale zwingend erforderlich sind, damit ausreichend Mittel für Nachwuchs- oder Hoffnungsprodukte – also Question Marks und Stars – zur Verfügung stehen.
- Poor Dogs sind Geschäftsfelder, die nur geringe positive oder sogar negative Cashflows erwirtschaften, da sie auf Märkten mit geringem Wachstum positioniert sind und nur über niedrige relative Marktanteile verfügen.

Die in Abbildung 20 dargestellte Matrix impliziert einen bestimmten Entwicklungsverlauf für die einzelnen Geschäftsfelder und die damit verbundenen Normstrategien: Durch Innovationen entstehen Question Marks, die sich in der Einführungs- oder Wachstumsphase befinden und für die eine Offensivstrategie empfohlen wird, sofern keine Indikatoren auf einen möglichen Misserfolg hinweisen. Eine Investitionsstrategie sollte für Stars verfolgt werden, um den hohen Marktanteil zu stabilisieren oder auszubauen, damit aus Wachstumsprodukten zukünftige Cashlieferanten werden. Für als Cash Cows klassifizierte Geschäftsfelder eignet sich eine Abschöpfungsstrategie, während man für Poor Dogs, die sich in der Sättigungs- oder Degenerationsphase befinden, eine Desinvestitionsstrategie entwickeln sollte, um den Anteil negativer Cashflows im Unternehmen möglichst gering zu halten.[77]

Anwendungsbereich und Anwendungsprozess

Die BCG-Matrix kommt vor allem in Mehrproduktunternehmen zur Anwendung, in denen Produkte zu strategischen Geschäftseinheiten gebündelt und auf strategische Geschäftsfelder ausgerichtet werden. Daher ist es zunächst erforderlich, strategische Geschäftsfelder zu definieren und voneinander abzugrenzen. Darüber hinaus sind weitere Schritte bei der Erstellung und Auswertung der BCG-Matrix zu berücksichtigen. Insgesamt gliedert sich das Vorgehen in folgende Abschnitte:[78]

- Abgrenzung strategischer Geschäftsfelder,
- Bestimmung des Marktwachstums und des relativen Marktanteils,

---

[77] Vergleiche Welge & Al-Laham (2012, S. 477 f).

[78] Vergleiche im Überblick Bea & Haas (2013, S. 146 ff).

- Positionierung der strategischen Geschäftsfelder in der BCG-Matrix,
- Beschreibung der BCG-Matrix und Ableitung von Normstrategien.

Zahlreiche Unternehmen sind so organisiert, dass der gesamte Tätigkeitsbereich in Produktgruppen oder Geschäftseinheiten gegliedert ist, die auf unterschiedliche Märkte ausgerichtet sind. Damit sind die Grundvoraussetzungen zur Anwendung der BCG-Matrix gegeben. Ist dies nicht der Fall, müssen strategische Geschäftseinheiten zunächst gebildet und strategische Geschäftsfelder eindeutig abgegrenzt werden. Zur Abgrenzung können Markt- und Unternehmensbedingungen als Kriterien herangezogen werden. Bedingungen des Marktes sind die Kunden- und die Wettbewerbssituation, die man anhand der Dimensionen Kundengruppe, Kundenbedürfnis und Konkurrenz bestimmen kann. Ein Sportartikelhersteller sieht sich zum Beispiel mit dem Kundenbedürfnis „professionelles Schuhwerk" konfrontiert und kann daraus für die Kundengruppe der „Läufer" das Geschäftsfeld „Joggingschuhe" oder für die Kundengruppe der „Skifahrer" das Geschäftsfeld „Skistiefel" unter Berücksichtigung der jeweiligen Wettbewerbsbedingungen ableiten. Neben den Marktbedingungen sind auch die Bedingungen des Unternehmens, also die Planungs-, Budgetierungs- oder organisatorischen Besonderheiten, in den Blick zu nehmen. In Abhängigkeit von den Marktbedingungen und den damit verbundenen strategischen Geschäftsfeldern werden organisatorische Einheiten gebildet, um Zuständigkeiten klar zu regeln und um Ressourcen eindeutig zuteilen zu können. Kurz: Es ist zu bestimmen, welche interne strategische Geschäftseinheit für welches externe strategische Geschäftsfeld zuständig sein soll.

Zum Aufbau der BCG-Matrix werden Daten für die Marktattraktivität und für die Wettbewerbsstärke benötigt. Als Indikator für die Marktattraktivität dient das Marktwachstum, das als Zunahme des Umsatzes aller Anbieter in einem Geschäftsfeld operationalisiert wird. Die Trennung zwischen langsam und schnell wachsenden Produkt-Markt-Segmenten wird gezogen, indem man zum Beispiel die durchschnittliche Wachstumsrate einer Branche als Trennlinie definiert, oder indem man das gewichtete arithmetische Mittel der Wachstumsraten aller betrachteten Geschäftsfelder berücksichtigt. In jedem Fall stellen die Werte der vertikalen Achse Prozentwerte dar, wobei die Trennlinie auch beim Wert 0 liegen kann, wenn man unter Rekurs auf das Branchenlebenszykluskonzept davon ausgeht, dass Geschäftsfelder in der Einführungs- oder Wachstumsphase Werte größer 0 und Geschäftsfelder am Ende der Sättigungs- oder in der Degenerationsphase Werte kleiner 0 annehmen. Als Indikator für die Wettbewerbsstärke dient der relative Marktanteil, der auf der horizontalen Achse abgetragen wird und sich aus dem Verhältnis des eigenen Marktanteils und des Marktanteils des stärksten Wettbewerbers ergibt. Werte von 1 bedeuten, dass der eigene Marktanteil und der des stärksten Konkurrenten identisch sind, während Werte kleiner 1 deutlich machen, dass man weniger Umsätze erwirtschaftet hat als der größte Wettbewerber. Für gewöhnlich wird die Trennlinie bei 1,5 gezogen, da die Erkenntnisse der Boston Consulting Group darauf hindeuten, dass der eigene Marktanteil mindestens 50 Prozent über jenem des stärksten Konkurrenten liegen sollte, damit dauerhaft positive Cashflows erwirtschaftet werden.

In einem nächsten Schritt werden die einzelnen Geschäftsfelder unter Berücksichtigung der oben beschriebenen Kriterien in die Matrix eingetragen. Zum Teil ist dies exakt möglich, sofern eindeutige Werte für die vertikale und die horizontale Achse vorliegen. Ist dies nicht der Fall, werden die Geschäftsfelder nur einem Bereich und nicht einer exakten, aus zwei Koordinaten bestehenden Position zugeordnet.

Im letzten Schritt wird die Matrix unter Hinweis auf Implikationen für die weitere Strategiearbeit beschrieben und mögliche Normstrategien abgeleitet. Das heißt, es wird ausgehend von dem Ist-Portfolio ein Ziel-Portfolio festgelegt, das mit konkreten Aktivitäten, Sollwerten und Kennzahlen verknüpft wird.

Weiterführende Hinweise

Portfolioanalysen erfreuen sich in der unternehmerischen Praxis großer Beliebtheit, da sie einfach zu erstellen sind und komplexe Sachverhalte verständlich illustrieren. Die Einfachheit der Anwendung und Auswertung sollte jedoch nicht zum Anlass genommen werden, mit den Ergebnissen dieser betriebswirtschaftlichen Methode unkritisch umzugehen. Insbesondere die Normstrategien sollten nicht als in jedem Fall verbindliche Umsetzungsregeln missverstanden, sondern als „Handlungsanregungen“[79] interpretiert werden. Das heißt, es ist im Einzelfall zu prüfen, welche Wechselwirkungen zwischen den Geschäftsfeldern existieren.

So können zum Beispiel Poor Dogs für das Image eines Unternehmens oder für die Markenkommunikation durchaus eine wichtige Rolle spielen, auch wenn sie sich auf schrumpfenden Märkten und mit negativen Cashflows bewegen. In diesen Fällen wäre eine Desinvestitionsstrategie zumindest zu überdenken, indem die Kosten

---

[79] Müller-Stewens & Lechner (2011, S. 289).

des Verbleibs im Portfolio möglichen Nutzenaspekten systematisch gegenübergestellt werden, um weitreichende unternehmerische Entscheidungen nicht von der Einteilung in vier Felder und von damit assoziierten Normaktivitäten abhängig zu machen.

2.3 Marktattraktivität-Wettbewerbsstärke-Portfolio: McKinsey-Matrix

- *Problemstellung:* Beschreibung und Bewertung der strategischen Situation eines Unternehmens und Ableitung entsprechender Normstrategien zur finanziellen Ausbalancierung des Gesamtportfolios
- *Zielgruppe:* Geschäftsführer, Geschäftsbereichsleiter, Controller, Marktforscher, Produktprogrammplaner, Portfoliomanager
- *Voraussetzungen:* Vorliegen einer Liste differenzierter Geschäftsfelder und Zugriff auf Daten zur mehrdimensionalen Bestimmung der Marktattraktivität und der Wettbewerbsstärke eines Unternehmens

Zielsetzung der McKinsey-Matrix

Der in Kapitel 2.2 erläuterte Portfolioansatz der Boston Consulting Group klassifiziert Produktgruppen beziehungsweise Geschäftsbereiche eines Unternehmens anhand von zwei Faktoren: dem Marktwachstum und dem relativen Marktanteil. Dieser in den 1960er-Jahren entwickelte Ansatz erschien vielen multidivisional organisierten

Unternehmen attraktiv. Auch der US-amerikanische Mischkonzern General Electric spielte im Verlauf der 1970er-Jahre mit dem Gedanken, die strategische Planung und Umsetzung auf der Basis entsprechender Methoden zu gestalten. Allerdings war das General Electric-Management der Überzeugung, dass zum Aufbau einer Portfoliomatrix nicht nur zwei, sondern mehrere Indikatoren herangezogen werden sollten, um sowohl Umwelt- als auch Unternehmensbedingungen in ihrer Komplexität und Interdependenz zu erfassen und Geschäftsfelder adäquat zu positionieren. Ein erweitertes Portfoliokonzept sollte im Auftrag von General Electric die 1926 in Chicago gegründete Unternehmens- und Strategieberatung McKinsey entwickeln. Der für die strategische Unternehmensführung neu konzipierte Ansatz wurde in der Folge als Marktattraktivität-Wettbewerbsstärke-Portfolio beziehungsweise als McKinsey-Matrix bekannt. Ziel dieser betriebswirtschaftlichen Methode ist es, Umwelt- und Unternehmensanalyse zu verbinden, um zu ermitteln, mit welchen Produkt-Markt-Kombinationen strategische Erfolge erzielt werden können. Im Gegensatz zum BCG-Portfolio entwickelte McKinsey eine Neun-Felder-Matrix und berücksichtigte als Zielgröße nicht den Cashflow, sondern den *Return on Investment*, der sich als Quotient aus Gewinn und Gesamtkapital ergibt und häufig mit RoI abgekürzt wird.[80]

Beschreibung der McKinsey-Matrix

Die von McKinsey in die Diskussion gebrachte Methode zielt wie andere Portfoliokonzepte darauf ab, Antworten auf folgende Fragen zu geben: Ist das Gesamtportfolio eines Unternehmens ausgewogen? Welche Strategien sollen für einzelne Geschäftsfelder verfolgt und welche Ziel-

---

80 Vergleiche Grant & Nippa (2006, S. 599 ff).

werte sollen erreicht werden? Und: Wie und in welchem Umfang sollen Ressourcen auf die jeweiligen Geschäftsfelder verteilt werden, um größtmögliche Unternehmensgewinne zu erwirtschaften? Zur Beantwortung dieser Fragen werden externe und interne Faktoren berücksichtigt und zu zwei Dimensionen aggregiert: dem Umweltindikator *Marktattraktivität* und dem Unternehmensindikator *Wettbewerbsstärke*. Die Attraktivität eines Marktes wird gemessen, indem marktpotenzialbezogene Variablen sowie Informationen der PEST- und Five-Forces-Analyse herangezogen werden, die im Mittelpunkt der Kapitel 1.1 und 1.2 stehen. Das heißt, im Unterschied zur BCG-Matrix wird die Umweltachse nicht auf der Basis nur einer Variablen, sondern unter Berücksichtigung von Kriterien wie Marktvolumen, Marktwachstum und Branchenkräften sowie politischen, ökonomischen oder technologischen Umfeldbedingungen gebildet. Dabei werden die einzelnen Faktoren der Marktattraktivität bewertet und mit Blick auf ihre Bedeutung gewichtet. Die Wettbewerbsstärke wird operationalisiert, indem unmittelbar beeinflussbare Kriterien wie das Forschungs-, Beschaffungs-, Produktions- oder Vertriebspotenzial sowie die organisatorische oder personalwirtschaftliche Situation eines Unternehmens untersucht werden. Auch die internen Stärken und Schwächen werden mit Hilfe von Skalen gemessen und mit Gewichtungsfaktoren versehen, um einen Gesamtwert für jedes einzelne Geschäftsfeld zu erhalten, der zur Positionierung in der Neun-Felder-Matrix dient.[81]

---

[81] Vergleiche Fink (2004c, S. 54 ff).

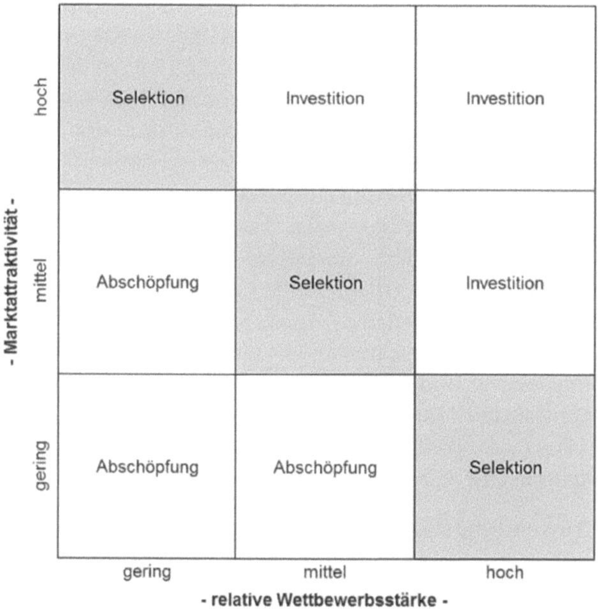

Abbildung 21: McKinsey-Matrix

Beide Achsen der in Abbildung 21 dargestellten McKinsey-Matrix beziehen sich auf die wesentlichen Quellen der Rentabilität, die über das oben beschriebene Vorgehen ganzheitlich erfasst werden können. Dabei werden die Marktattraktivität und die Wettbewerbsstärke jeweils in drei Bereiche – „gering“, „mittel“ und „hoch“ – eingeteilt. Auf diese Weise entsteht ein differenzierteres Bild als bei der BCG-Matrix, da sich nicht nur vier mehr oder weniger klar interpretierbare Pole, sondern auch Mittelbereiche ergeben, die ein selektives Vorgehen erfordern. Die einzelnen Geschäftsfelder werden anhand der ermittelten Werte in die Matrix eingeordnet und in Abhängigkeit von ihrer

Lage mit Normstrategien verknüpft: Geschäftsfelder, die in der Matrix oben rechts eingestuft sind, weisen ein gutes Return on Investment-Potenzial auf und sollten daher im Sinne einer *Wachstums-* beziehungsweise *Investitionsstrategie* ausgebaut werden. Im Bereich unten links in der Matrix befinden sich Geschäftsfelder, die sowohl hinsichtlich der Marktattraktivität als auch mit Blick auf die Wettbewerbsstärke geringe Werte erzielen. Investitionen sollten daher vermieden und eine *Abschöpfungs-* beziehungsweise *Desinvestitionsstrategie* verfolgt werden. Geschäftsfelder, die im mittleren Wertebereich liegen, sind weder auszubauen noch zu ernten. Vielmehr sollte man sie zunächst im Portfolio halten und beobachten, wie sie sich im Zeitablauf entwickeln. Sollte sich ein positiver Trend abzeichnen, wäre eine *Offensivstrategie* zu implementieren. Im umgekehrten Fall würde man eine *Defensivstrategie* präferieren.[82]

Anwendungsbereich und Anwendungsprozess

Die McKinsey-Matrix wird in einem mehrstufigen Verfahren entwickelt, in dessen Mittelpunkt zwei gewichtete Kriterienkataloge mit wechselseitigen Abhängigkeiten stehen. Folgende Schritte sind bei der Anwendung zu berücksichtigen:[83]

- Abgrenzung strategischer Geschäftsfelder,
- Bestimmung der Marktattraktivität und der Wettbewerbsstärke,
- Positionierung der strategischen Geschäftsfelder in der McKinsey-Matrix,
- Beschreibung der McKinsey-Matrix und Ableitung von Normstrategien.

---

[82] Vergleiche Bea & Haas (2013, S. 156 ff).

[83] Vergleiche im Überblick Bea & Haas (2013, S. 156 ff) und Fink (2009, S. 212 ff).

Die meisten Großunternehmen sind so organisiert, dass der gesamte Tätigkeitsbereich in Produktgruppen oder Geschäftseinheiten gegliedert ist, die auf unterschiedliche Märkte ausgerichtet sind. Damit erfüllen diese Unternehmen die Grundvoraussetzung zur Anwendung der McKinsey-Matrix. Ist dies nicht der Fall, müssen in einem ersten Schritt strategische Geschäftseinheiten gebildet und strategische Geschäftsfelder eindeutig abgegrenzt werden. Um Redundanzen zu vermeiden, sei an dieser Stelle auf die entsprechenden Ausführungen in Kapitel 2.2 zur BCG-Matrix verwiesen. Dort finden sich Hinweise, wie man strategische Geschäftseinheiten und Geschäftsfelder definieren und abgrenzen kann.

Die Bestimmung der Marktattraktivität beginnt mit der Auswahl geeigneter Indikatoren, die in folgende Gruppen eingeteilt werden können: *Marktpotenzial*, *Branchenstruktur* und *Umfeldbedingungen*. Das Marktpotenzial bezeichnet die theoretisch möglichen Absatzmengen in einem definierten Markt, während das Marktvolumen die tatsächlich realisierten Absätze oder Umsätze in einem festgelegten Zeitraum darstellt. Bildet man den Quotient aus Marktvolumen und Marktpotenzial, erhält man den Sättigungsgrad, der Auskunft darüber gibt, welche Wachstumsmöglichkeiten in einem Markt oder Geschäftsfeld aktuell existieren. Um die zukünftigen Expansionschancen zu bestimmen, sollte als weiterer Indikator das Marktwachstum berücksichtigt werden, das Aussagen über die Position im Lebenszyklus und damit über die Attraktivität eines Marktes gestattet. Märkte, die sich in der Einführungs- oder Wachstumsphase befinden, weisen typischerweise höhere Wachstumsraten auf als Märkte in der Sättigungs- oder Degenerationsphase. Erstere sind attraktiver und somit positiver zu bewerten.

Die zweite Indikatorengruppe nimmt die Renditechancen einer Branche in den Blick. In Anlehnung an den von Porter entwickelten und in Kapitel 1.2 vorgestellten Five-Forces-Ansatz werden Lieferanten, Kunden, neue Wettbewerber, alternative Produkte und der Konkurrenzdruck unter den vorhandenen Wettbewerbern untersucht. Die Attraktivität eines Marktes wird schließlich auch von allgemeinen Umfeldbedingungen – so genannten Makrofaktoren – beeinflusst, die sich in ökonomische, politische, rechtliche, technologische und soziokulturelle Aspekte kategorisieren lassen. So können beispielsweise hohe Arbeitslosenquoten, staatliche Eingriffe und Gesetze, mangelhafte Infrastrukturbedingungen oder gesamtgesellschaftliche Trends wie der demografische Wandel die Rentabilitätschancen in einzelnen Geschäftsfeldern nachhaltig beeinträchtigen.

Die Indikatoren der drei genannten Gruppen werden nach ihrer Auswahl und Definition gewichtet, wobei die Gewichtungsfaktoren den relativen Beitrag der Kriterien zur Gesamtattraktivität zum Ausdruck bringen und in Summe 1 beziehungsweise 100 Prozent ergeben müssen. Daran anknüpfend wird für alle Indikatoren eine einheitliche Ratingskala erstellt und zur Bewertung verwendet, die beispielsweise von „0 = sehr geringe Attraktivität" bis „10 = sehr hohe Attraktivität" reicht. Abschließend berechnet man wie in Abbildung 22 dargestellt einen Gesamtwert für jedes Geschäftsfeld, der sich aus der Summation der einzelnen, mit den Gewichtungsfaktoren multiplizierten Indikatorenbewertungen ergibt. Der solcherart bestimmte Wert spiegelt die Gesamtattraktivität eines Geschäftsfeldes wider und dient zur Positionierung in die Matrixkategorien „gering", „mittel" und „hoch".

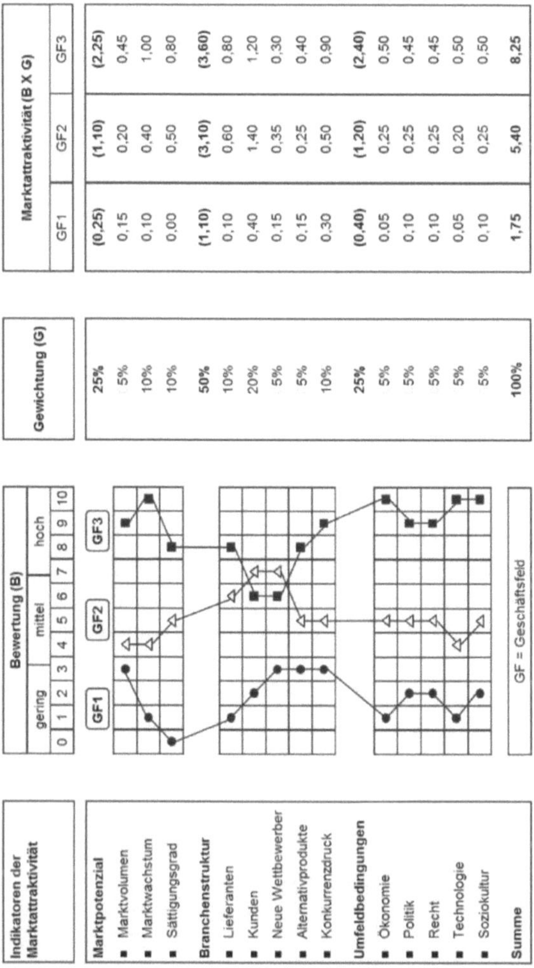

Abbildung 22: Bestimmung der Marktattraktivität[84]

[84] Modifiziert nach Fink (2009, S. 214).

Die Bestimmung der Wettbewerbsstärke erfolgt unter Berücksichtigung interner Stärken und Schwächen eines Unternehmens, die man entweder als Erfolgs- oder als Misserfolgspotenziale interpretieren kann. Inwiefern aus einem Erfolgspotenzial ein Wettbewerbsvorteil wird, hängt davon ab, ob die entsprechende Stärke vom Kunden wahrgenommen und von diesem als bedeutsam eingestuft wird und zur möglichst dauerhaften Überlegenheit gegenüber Konkurrenten beiträgt. Anders formuliert: Kunden bestimmen, ob Unternehmen Wettbewerbsvorteile haben, die im McKinsey-Portfolio als Indikatoren der Wettbewerbsstärke dienen. Vorteile können sich prinzipiell entlang der gesamten Wertschöpfungskette ergeben: im Forschungs- und Entwicklungsbereich, in der Beschaffung, Produktion und Distribution oder aufgrund der finanziellen, personellen und technischen Situation eines Unternehmens.

Die entsprechenden *Wertkettenkriterien* werden analog zur Beurteilung der Marktattraktivität ausgewählt, gewichtet und auf einer Skala von „0 = sehr schwach“ bis „5 = sehr stark“ sowohl für das eigene Unternehmen als auch für den stärksten Konkurrenten – die so genannte Benchmark – bewertet. Auf der Basis dieser Daten kann man die relative Wettbewerbsposition ermitteln, indem man die Bewertungen des eigenen Unternehmens mit den Bewertungen der Benchmark vergleicht beziehungsweise diese voneinander subtrahiert. So ergibt sich in Abbildung 23 zum Beispiel eine relative Wettbewerbsposition für den Faktor Beschaffung von –3, den man auf einer von –5 bis +5 reichenden Skala als schwach und somit als Wettbewerbsnachteil einstufen würde. Abschließend berechnet man einen Gesamtwert für die Wettbewerbsstärke, der sich aus der Summation der einzelnen, mit den Gewichtungsfaktoren multiplizierten Wettbewerbspositionswerten ergibt.

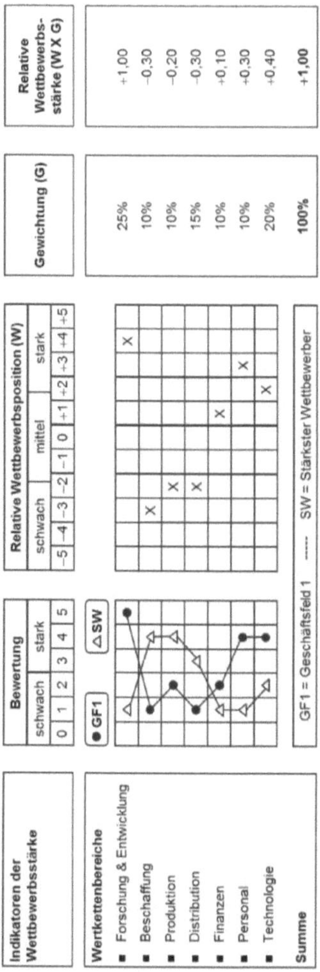

Abbildung 23: Bestimmung der Wettbewerbsstärke[85]

[85] Modifiziert nach Fink (2009, S. 216).

Im nächsten Schritt werden die strategischen Geschäftsfelder unter Berücksichtigung der berechneten Gesamtwerte für die Marktattraktivität und die relative Wettbewerbsstärke in die McKinsey-Matrix eingetragen und beschrieben. Je nach eingenommener Position in der in Abbildung 21 dargestellten Matrix, kann man in einem letzten Schritt für jedes Geschäftsfeld die bereits erwähnten Normstrategien der Investition, Selektion oder Abschöpfung ableiten und entsprechende Maßnahmen initiieren, die mit geeigneten Kennzahlen hinterlegt werden sollten.

Weiterführende Hinweise

Das McKinsey-Portfolio ist eine fundierte, aber auch eine komplexe betriebswirtschaftliche Methode. Die Fundierung besteht vor allem in der Kombination unterschiedlicher theoretischer Ansätze und der mehrdimensionalen Bestimmung von Marktattraktivität und Wettbewerbsstärke. Die Komplexität ergibt sich insbesondere durch die Berücksichtigung einer Vielzahl von Ursache-Wirkungs-Zusammenhängen, die sich allerdings von Geschäftsfeld zu Geschäftsfeld unterscheiden können. Insofern ist es kaum möglich, auf standardisierte oder universell gültige Kriterienlisten zurückzugreifen und diese im Unternehmensverbund mehrfach zu verwenden. Vielmehr muss man in Abhängigkeit der betrachteten Geschäftsfelder die jeweils relevanten Indikatoren immer wieder neu identifizieren, auswählen, messen und gewichten. Dieses Vorgehen ist nicht nur aufwändig, sondern impliziert auch eine gewisse Scheinobjektivität. Denn sowohl die Kriterienwahl als auch die Ermittlung der Werte und Gewichtungsfaktoren spiegeln vielfach eher die Vorstellungen der am Prozess beteiligten Manager wider, als die tatsächlichen Verhältnisse im betrachteten Markt. Ist man sich dieser Schwächen bewusst und nutzt man im

Rahmen der Strategiearbeit nicht nur die McKinsey-Matrix, sondern ergänzende Methoden, dann dürfte man in der Lage sein, die Positionierung von Geschäftsfeldern und die Priorisierung von Investitionen verlässlich zu gestalten.

2.4 Internationalisierungsstrategien

- *Problemstellung:* Analyse und Auswahl potenzieller Zielmärkte sowie Planung und Umsetzung von Markteintrittsstrategien und Marktbearbeitungsplänen
- *Zielgruppe:* Geschäftsführer, Geschäftsbereichsleiter, Marketing- und Internationalisierungsverantwortliche, Marktforscher, Business Development Manager
- *Voraussetzungen:* Beschaffung von Umwelt- und Unternehmensdaten auf der Basis von Primär- und Sekundäranalysen

Zielsetzung der Internationalisierungsstrategien

In den letzten Jahrzehnten hat sich das Umfeld von Unternehmen nachhaltig verändert, da eine neue, die nationalen Grenzen überwindende Wirtschaftsordnung entstanden ist. Die Vernetzung der Weltwirtschaft war zugleich Voraussetzung und Folge weiterer Entwicklungen in Politik, Technik und Gesellschaft, die in Summe zu einem neuen Phänomen geführt haben, der so genannten *Globalisierung*. Die mit diesem Begriff umschriebene internationale Verflechtung und Interdependenz von Märkten,

Menschen und Maschinen stellt Unternehmen vor neue Herausforderungen:

So sehen sich nicht zuletzt deutsche Unternehmen vor dem Hintergrund stagnierender Heimatmärkte, eines wachsenden Wettbewerbs- und Kostendrucks und sich stetig verkürzender Innovations- und Produktlebenszyklen gezwungen, neue Wachstumspotenziale auszuloten. Neben der Durchdringung angestammter Märkte und der Beschleunigung von Innovationsprozessen, wird die Nutzung von Wachstumschancen auf internationalen Märkten zu einer strategischen Option. Die mit der Globalisierung einhergehende Liberalisierung schafft dabei die Voraussetzung, dass Unternehmen an den Entwicklungspotenzialen so genannter Emerging Markets partizipieren können. Damit grenzüberschreitende Aktivitäten erfolgreich verlaufen, sind Internationalisierungsstrategien zu entwickeln. Diese setzen sowohl die Kenntnis als auch die adäquate Anwendung einer Vielzahl von Methoden voraus. Insofern ist es das Ziel des hier beschriebenen Ansatzes darzulegen, wie Wachstumsfelder identifiziert, Markteintrittsszenarien verglichen, Markteintrittsstrategien definiert und Marktbearbeitungspläne erstellt werden können.

Beschreibung der Internationalisierungsstrategien

Grenzüberschreitende Aktivitäten sind – unabhängig von der Zielsetzung – mit Chancen und Risiken verbunden, die einer systematischen Analyse bedürfen, um eine profitable Marktbearbeitung zu gewährleisten. Die Risiken reichen von einer unvollständigen Berücksichtigung politischer, rechtlicher oder kultureller Rahmenbedingungen über ungenügende Kenntnisse der Markt-, Wettbewerbs- und Kundenbedingungen bis zu Fehleinschätzungen der tatsächlich vorhandenen Fähigkeiten, Kompetenzen und Ressourcen eines Unternehmens. Zudem ergeben sich operationale Herausforderungen bei der Umsetzung der Markteintritts- und Marktbearbeitungsstrategien – zum Beispiel beim Aufbau von Vertriebsorganisationen und Lieferantennetzen oder bei der Integration von Auslandsgesellschaften in die Strukturen und Prozesse des Mutterunternehmens. Diese und weitere Risiken können abgeschwächt werden, indem man zunächst die Beweggründe und die Grundorientierung der Internationalisierung bewusst macht und darauf aufbauend die Stoßrichtung der Internationalisierung adäquat bestimmt.[86]

Bei der Ausdehnung wirtschaftlicher Aktivitäten über Ländergrenzen hinweg agieren Unternehmen entweder aktiv oder reaktiv. Das heißt, die Beweggründe der Internationalisierung können zum einen in der aktiven Verfolgung von Umsatz-, Kundengewinnungs- oder Kostenzielen liegen. Zum anderen können sie aber auch nur eine Reaktion auf gesättigte Heimatmärkte oder auf Expansionsbestrebungen von Großkunden sein, denen man in bestimmte Länder folgen muss. Die Ziele der Internationalisierung und deren Umsetzung werden zudem durch die Unternehmenskultur bestimmt, die Perlmutter in seinem EPRG-Modell beschrieben hat.[87] Das Akronym EPRG steht für eine *ethnozentrische*, *polyzentrische*, *regiozentrische* oder *geozentrische* Grundorientierung.

[86] Vergleiche Nagel (2007a, S. 2 f).

[87] Siehe Perlmutter (1969).

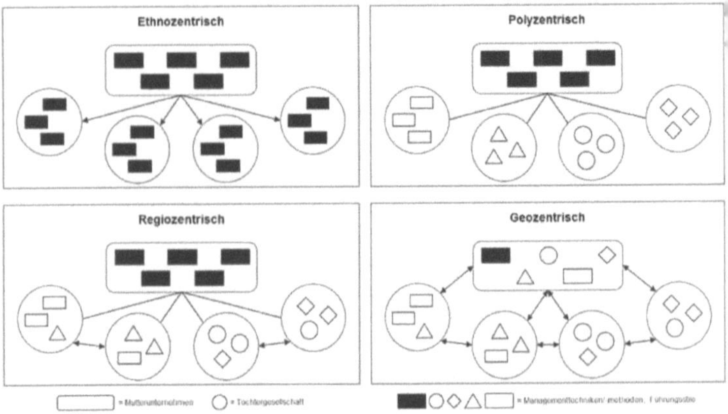

Abbildung 24: EPRG-Modell[88]

Wie in Abbildung 24 dargestellt, folgen ethnozentrische Unternehmen dem Grundsatz, dass Führungsstile, Managementtechniken oder Steuerungsinstrumente bei der Übertragung von der Mutter- auf die Tochtergesellschaften nicht angepasst werden müssen. Demgegenüber ist in polyzentrischen Unternehmen die Überzeugung vorherrschend, dass Einstellungen und Verhaltensweisen in verschiedenen Ländern sehr unterschiedlich sind und somit Managementkonzepte gastlandspezifisch entwickelt werden müssen. Die Besetzung des Managements sollte daher mit heimischen Führungskräften erfolgen. Das regiozentrische Führungskonzept unterstellt die Existenz homogener Ländergruppen, in denen einheitliche Strategien verfolgt werden können, während geozentrische Unternehmen durch die Integration aller Gesellschaften global ausgerichtet sind. Das EPRG-Paradigma geht davon aus,

---

88 Modifiziert nach Kutschker & Schmid (2011, S. 296).

dass die Art und Weise, wie Unternehmen internationalisieren und wie Organisationsstrukturen, Entscheidungsprozesse und Kommunikationswege gestaltet werden, davon abhängen, ob das Management stammland-, gastland-, ländergruppen- oder globalorientiert ist. Insofern bilden die Internationalisierungsmotivation und die Internationalisierungsphilosophie die Grundlage der Entwicklung grenzüberschreitender Strategien.[89]

Bevor Internationalisierungsstrategien formuliert und umgesetzt werden können, sind zunächst potenzielle Zielmärkte auszuwählen und im Detail zu untersuchen. Hierbei kann man die in Kapitel 1 beschriebenen Methoden der Unternehmens- und Umweltanalyse heranziehen und die entsprechenden Daten zu internen Stärken und Schwächen und externen Chancen und Risiken für die Bestimmung geeigneter Zielmärkte nutzen. Die Auswahl eines Ländermarktes orientiert sich insbesondere an den Kriterien Attraktivität, Risiko und Eintrittsbarrieren. Das heißt, aus einer Liste von potenziellen Zielregionen werden jene herausgefiltert, die eine möglichst positive Rendite bei gleichzeitig geringen Investitionsrisiken versprechen und die nicht durch rechtliche Restriktionen, wettbewerbsbestimmende Know-how-Vorteile heimischer Unternehmen oder begrenzte Zugänge zu Kapital, Rohstoffen und Arbeitskräften gekennzeichnet sind.

Steht der Zielmarkt fest, in den internationalisiert werden soll, ist in einem nächsten Schritt – zum Beispiel auf der Basis einer SWOT-Analyse – die Form des Markteintritts zu bestimmen. In Abhängigkeit von den Kapital- und Managementleistungen, die im Stammland und im Gastland erbracht werden sollen, kann man zwischen folgenden

---

[89] Vergleiche Perlitz & Schrank (2013, S. 81 ff).

Alternativen der Internationalisierung wählen: Export, Lizenzierung, Franchising, Joint Venture, Auslandsniederlassung, Auslandsproduktion und Tochtergesellschaft. Dabei verändern sich der Grad der Kapital- und Managementleistungen und das Risiko der Internationalisierung wie folgt: Beim risikoarmen Export werden nahezu alle Kapital- und Managementleistungen im Stammland erbracht. Diese Leistungen nehmen von der Lizenzvergabe bis zur Auslandsproduktion im Gastland graduell zu und liegen bei der Markteintrittsform der Tochtergesellschaft bei 100 Prozent. Mit der Zunahme der Kapital- und Managementleistungen im Zielmarkt steigen auch die Risiken, gegen die sich Unternehmen mit Hilfe geeigneter Maßnahmen absichern müssen.

Neben Aussagen zu Zielmärkten, Markteintrittsformen und damit verbundenen Chancen und Risiken sollten Internationalisierungsstrategien auch Hinweise zur zeitlichen Gestaltung grenzüberschreitender Aktivitäten umfassen. Insofern müssen Unternehmen auch festlegen, ob sie als Pionier oder als Nachzügler in verschiedene Märkte eintreten und diese nacheinander oder gleichzeitig bearbeiten wollen. Entsprechend sind First-Mover- oder Follower- beziehungsweise Wasserfall- oder Sprinklerstrategien zu entwickeln. Bestandteil von Internationalisierungsstrategien sind schließlich auch Überlegungen, wie das über verschiedene Länder und Kontinente verteilte Geflecht von Gesellschaften und Beteiligungen koordiniert, gesteuert und überwacht werden kann. Internationalisierungsstrategien bestehen somit aus *Zielmarkt-*, *Markteintritts-*, *Timing-* und *Koordinationsstrategien.*[90]

---

[90] Zu den Entscheidungsfeldern der Internationalisierung und zu entsprechenden Fallstudien und Fallbeispielen vergleiche im Überblick Schmid (2013b, S. 10 ff und 2013a).

Anwendungsbereich und Anwendungsprozess

Unternehmen internationalisieren in der Regel schrittweise – insbesondere, wenn die Internationalisierungsbemühungen absatzorientiert sind. Wesentliche Voraussetzungen, um auf internationalen Märkten lukrative Wachstumssegmente zu identifizieren und die Marktbearbeitung darauf auszurichten, sind methodische Kenntnisse, personelle Ressourcen und valide Marktdaten. Das in Abbildung 25 skizzierte integrative Internationalisierungsmodell stellt einen ganzheitlichen Ansatz dar, der den komplexen Prozess der Internationalisierung in vier Phasen gliedert, die durch unterschiedliche Fragestellungen und Herausforderungen gekennzeichnet sind:[91]

- Auswahl und Bewertung potenzieller Zielmärkte,
- Analyse des Eintritts in definierte Zielmärkte,
- Entwicklung von Markteintrittsstrategien,
- Erstellung eines Businessplans.

Ausgehend von den unternehmensspezifischen Zielsetzungen werden in einem ersten Schritt internationale Wachstumsfelder identifiziert, bewertet und priorisiert, indem man auf der Basis einer globalen Umweltanalyse zunächst die wesentlichen politischen, rechtlichen, ökonomischen, soziokulturellen und technologischen Faktoren in den Blick nimmt. Diese so genannten PEST-Faktoren werden für alle potenziellen Zielmärkte der *Long List* ermittelt und mit Gewichtungsfaktoren versehen, welche die relative Bedeutung der Kriterien für die Marktattraktivität zum Ausdruck bringen. Für die in Betracht gezogenen Regionen, Länder oder Segmente werden anhand der ausgewählten und gewichteten Merkmale Bewertungen vorgenommen und ein Gesamtscore gebildet.

---

[91] Vergleiche im Überblick Nagel (2007a).

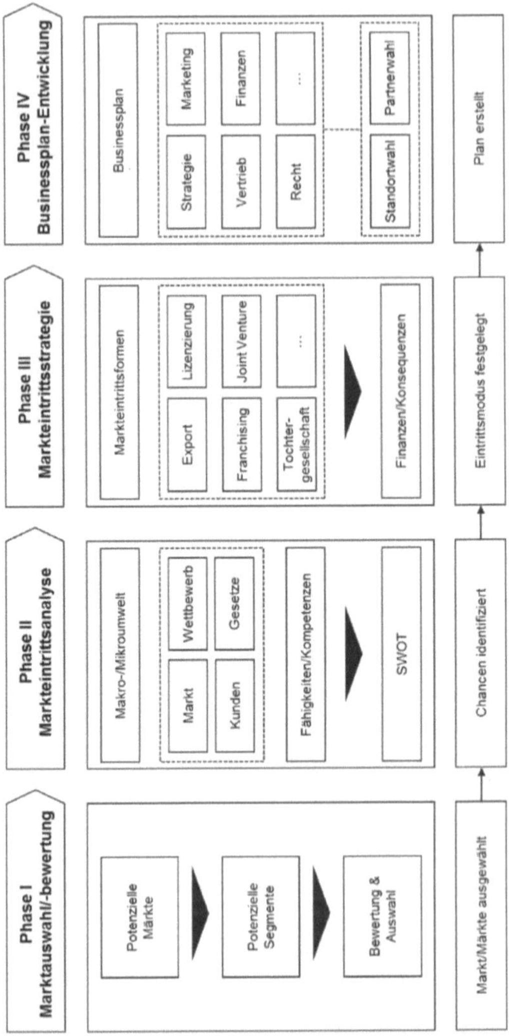

Abbildung 25: Ein integratives Internationalisierungsmodell

Dieser Gesamtscore – also die Summe der gewichteten Punkte pro Region, Land oder Segment – spiegelt die allgemeine Markteintrittsattraktivität wider und ermöglicht es, aus der Vielzahl potenzieller Wachstumsfelder jene herauszufiltern, die tatsächlich interessant sind und detaillierter untersucht werden sollen.

Im zweiten Schritt wird für die Zielmärkte der *Short List* eine spezifische Umweltanalyse durchgeführt. Das heißt, die so genannte Aufgabenumwelt eines Unternehmens – wie Lieferanten, Kunden oder Wettbewerber – wird in Kombination mit den internen Fähigkeiten, Kompetenzen und Ressourcen betrachtet, um bestimmen zu können, welcher Markt das größte Potenzial verspricht. Methodisch werden in dieser Phase bewährte Instrumente wie die Branchenstruktur- und Wettbewerbsvorteilsanalyse oder das 7S- und Erfahrungskurvenmodell genutzt und deren Ergebnisse in einer SWOT-Analyse gebündelt, um strategische Optionen abzuleiten. Dieses Vorgehen erlaubt es, die Makro- und Mikrobedingungen und die damit verbundenen Marktrisiken zuverlässig zu beurteilen, eine finale Zielmarktauswahl zu treffen und den richtigen Weg für den entsprechenden Markteintritt zu wählen.

Im Mittelpunkt der dritten Phase stehen die Planung und Umsetzung der Markteintrittsstrategie, die – in Anlehnung an das „genetische Modell der Internationalisierung"[92] – verschiedene Formen annehmen kann. Je nachdem, ob als Markteintrittsform Export, Lizenzierung, Franchising, ein Joint Venture oder eine Tochtergesellschaft gewählt wird, unterscheidet sich der Anteil der im Inland beziehungsweise Ausland erbrachten Kapital- und Managementleistungen sowie das damit verbundene

---

[92] Gelbrich & Müller (2011, S. 495).

Risiko. Parallel zu der gewählten Strategie sind auch die unternehmerischen Strukturen, Prozesse und Organisationsformen im Stamm- und im Gastland aufeinander abzustimmen und ein Businessplan zu erstellen, der im Mittelpunkt der letzten Phase steht.

Das integrative Internationalisierungsmodell nutzt bewährte betriebswirtschaftliche Methoden, um bei grenzüberschreitenden Aktivitäten das Risiko eines Fehlschlages zu minimieren. Dazu trägt auch der letzte Schritt bei, indem ein Businessplan für die gewählte Markteintrittsform entwickelt wird. Dieser enthält alle relevanten Markt-, Kunden- und Wettbewerbsinformationen, die gewählte Marketing- und Vertriebsstrategie, die Finanz- und Investitionsplanung sowie weitere Angaben zu Standorten, Rechtsformen oder Kooperationspartnern. Für zahlreiche Unternehmen ist vor allem der Aufbau neuer oder die Verlagerung bestehender Produktionsstandorte ein relevantes Thema. Treiber dieser Entwicklung sind sowohl der Wunsch nach Erschließung neuer Absatzmärkte als auch das Streben nach Kosteneinsparungen. Von großer Bedeutung ist es daher, nicht nur einen geeigneten Zielmarkt, sondern innerhalb des jeweiligen Zielmarktes auch den optimalen Standort zu finden. Im Businessplan werden insofern auch Aspekte wie die Verfügbarkeit und Kosten von Grundstücken, die Logistikinfrastruktur, das Arbeitskräftepotenzial, die Wohnsituation von Expatriates oder die Höhe der operativen Kosten berücksichtigt. Denn die Erfahrung zeigt, dass umfassende Analysen notwendig sind, um einen reibungslosen und erfolgreichen Auswahlprozess für expansive Unternehmen zu gewährleisten.

Weiterführende Hinweise

Die Identifikation von attraktiven Wachstumsfeldern stellt eine wesentliche Voraussetzung für Unternehmen dar, um Umsatzziele zu erreichen oder globale Strategien umzusetzen. Hat man potenzielle Zielmärkte identifiziert, müssen diese noch priorisiert und im Detail analysiert werden. Die Identifikation, Auswahl und Analyse setzen die Kenntnis einer Vielzahl von betriebswirtschaftlichen Methoden voraus, um erfolgversprechende Internationalisierungsstrategien entwickeln und implementieren zu können. Methodisches Know-how ist allerdings nur eine Bedingung, um grenzüberschreitend erfolgreich zu sein. Erforderlich sind zudem Offenheit, Respekt und Verständnis für kulturelle Unterschiede, deren adäquate Berücksichtigung sich recht häufig als Schlüssel zu einem neuen Markt erweist.[93]

2.5 Balanced Scorecard

- *Problemstellung:* Umsetzung von Strategien in konkrete, operative Aktivitäten durch eine systematische Abstimmung von Zielen, Kennzahlen, Vorgaben und Maßnahmen
- *Zielgruppe:* Geschäftsführer, Geschäftsbereichs- und Funktionsbereichsleiter, Controller und Experten aus den jeweils betroffenen Fachbereichen

---

[93] Zur Bedeutung des Faktors Kultur und einer entsprechend adäquaten interkulturellen Kommunikation vergleiche Müller & Gelbrich (2014).

- *Voraussetzungen:* Ausformulierte Unternehmens-, Geschäftsbereichs- oder Funktionsbereichsstrategie, Schaffung einer Projektorganisation und Bereitschaft des Managements zur konsequenten und nachhaltigen Implementierung

Zielsetzung der Balanced Scorecard

Unternehmen entwickeln Strategien, um Ziele wie Wachstum oder Markterschließung zu erreichen und sich vom Wettbewerb abzuheben. Eine ausgefeilte Unternehmensstrategie stellt dabei eine notwendige, nicht jedoch eine hinreichende Bedingung für Erfolg dar. Das heißt, die beste Unternehmensstrategie bleibt wirkungslos, sofern sie nicht effektiv kommuniziert und umgesetzt wird. Unternehmen müssen daher bestrebt sein, Strategien in operatives Handeln zu überführen, um auf diese Weise Wettbewerbsvorteile zu erzielen. Eine seit rund 25 Jahren bekannte Methode, um Strategien in Aktivitäten zu übersetzen, ist die Balanced Scorecard. Mit ihrer Hilfe werden Vision, Mission und Strategie eines Unternehmens in Ziele, Kennzahlen und Maßnahmen heruntergebrochen und damit greifbar und messbar gemacht. Dabei gibt die Vision eine Antwort auf die Frage „wo ein Unternehmen hin will",[94] während die Mission beschreibt, „warum ein Unternehmen existiert". Die Strategie stellt schließlich einen „Spielplan" dar, der mit der Balanced Scorecard implementiert, kontrolliert und gesteuert werden kann.

Durch das Herunterbrechen übergeordneter Ziele in Geschäfts- oder Funktionsbereichsziele kann man den Strategiebeitrag jedes einzelnen Mitarbeiters deutlich machen

[94] Kotler, Keller, Brady, Goodman & Hansen (2009, S. 88) bezeichnen die Vision als einen „almost impossible dream".

und auf diese Weise Verständnis und Motivation für Veränderungen schaffen. Diese Transparenz hilft Mitarbeitern, ihre Ressourcen zu fokussieren und alle Aktivitäten auf die Strategieumsetzung zu konzentrieren. Die Transparenz der Ziele und der dahinterliegenden Strategien erleichtert zudem die Kommunikation mit weiteren Stakeholdern wie Kapitalgebern, Gewerkschaften, Kunden oder Lieferanten. Die Balanced Scorecard ist nicht zuletzt aufgrund ihrer Übersichtlichkeit und ihres praktischen Nutzens eine vielbeachtete betriebswirtschaftliche Methode. Dies dokumentiert sowohl die Vielzahl an wissenschaftlichen Publikationen als auch deren Verbreitung in Klein-, Mittel- und Großunternehmen, die in den letzten Jahren unter anderem durch Beratungsgesellschaften forciert wurde.[95]

Beschreibung der Balanced Scorecard

Die Balanced Scorecard wurde zu Beginn der 1990er-Jahre von Kaplan und Norton entwickelt. Sie wandten sich mit ihrem Konzept gegen die damals dominierenden rein finanzwirtschaftlich ausgerichteten Managementsysteme, die zur Planung und Steuerung ausschließlich Messgrößen wie Cashflow, Umsatzwachstum oder Eigenkapitalrentabilität berücksichtigten. Kaplan und Norton waren der Auffassung, dass zur Strategieumsetzung ein ausgewogenes Bündel aus monetären und nicht-monetären Kennzahlen erforderlich sei. Daher führten sie die Bezeichnung Balanced Scorecard ein, um deutlich zu machen, dass es sich um ein ausgewogenes Kennzahlensystem handelt, das unterschiedliche Perspektiven verbindet: *Finanzen*, *Prozesse*, *Potenziale* und *Kunden*.

---

[95] Vergleiche im Überblick Horváth & Partners (2004).

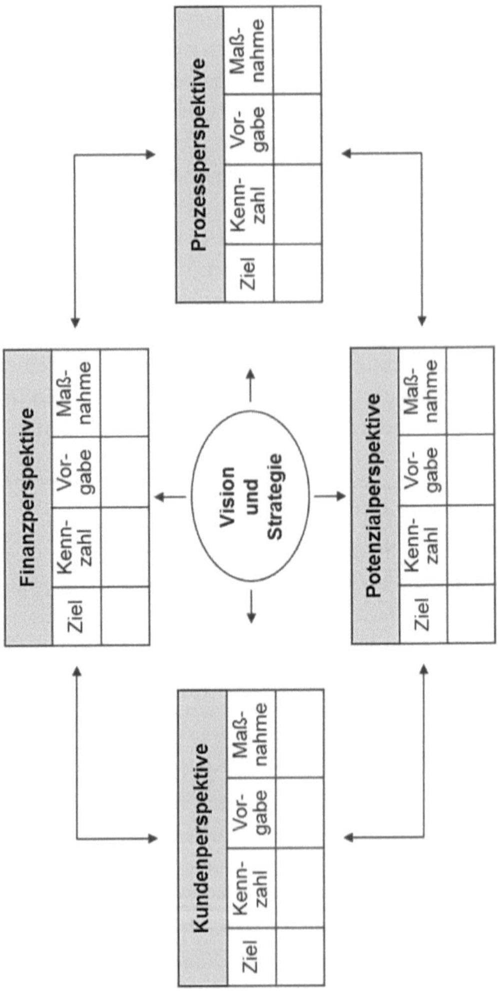

Abbildung 26: Die vier Perspektiven der Balanced Scorecard[96]

In Abbildung 26 sind die vier von Kaplan und Norton berücksichtigten Perspektiven oder Betrachtungsweisen aufgeführt, die Antworten auf folgende Fragen geben:[97]

- „Was wollen oder müssen wir in finanzieller Hinsicht erreichen?" Die Finanzperspektive verweist somit auf die monetären Konsequenzen der Strategieumsetzung und umfasst typischerweise Ziele, die mit den Erwartungen der zentralen Stakeholder eines Unternehmens korrespondieren. So sind beispielsweise Anteilseigner an Ertragswachstum oder einer möglichst hohen Verzinsung des eingesetzten Kapitals interessiert.
- „In welchen Unternehmensbereichen müssen wir besondere Leistungen erbringen?" Die Prozessperspektive bezieht sich auf interne Abläufe, die für die Implementierung der Unternehmensstrategie und die Verwirklichung finanzieller Ziele erfolgskritisch sind. Die gesamte Wertschöpfungskette kann man zum Beispiel in Innovations-, Produktions- und Absatzprozesse gliedern und Kennzahlen wie Produktentwicklungszeiten und Produktivität oder Ausschussraten und Prozesskosten heranziehen.
- „Wie können wir uns verbessern und zusätzlichen Wert schaffen?" Die Potenzialperspektive beschreibt die Bedingungen, die gegeben sein müssen, damit die Ziele der anderen drei Perspektiven erreicht werden. Dabei spielen beispielsweise die Qualifizierung und Motivation von Mitarbeitern oder die Leistungsfähigkeit des Informationssystems eine wesentliche Rolle.
- „Wie bewerten uns unsere aktuellen Kunden?" Im Mittelpunkt der Kundenperspektive stehen die Erfüllung

---

[97] Vergleiche Grant & Nippa (2006, S. 85 ff) und Horváth & Partners (2004, S. 2 ff).

der Kundenanforderungen und die damit verknüpfte Kundenzufriedenheit. Sie umfasst Größen wie Abwanderungs- oder Wiederkaufsraten und Lieferqualität oder Reklamationsquoten.

Die einzelnen Perspektiven des hier skizzierten Grundmodells sind gleichgewichtig und gleichbedeutend. Das heißt, mit ihnen soll ein verengter Blick auf das Unternehmen vermieden werden, der sich zwangsläufig ergibt, wenn das Management beispielsweise zu stark kundenorientiert oder zu stark prozessorientiert ist. In beiden Fällen führt die einseitige Betrachtungsweise zu Ungleichgewichten. Im ersten Fall würden monetäre Ziele und im zweiten Fall markt- oder wettbewerbsorientierte Ziele vernachlässigt.

Die vier klassischen Betrachtungsweisen können je nach Branche reduziert oder erweitert werden, um die Balanced Scorecard den spezifischen Anforderungen und Bedürfnissen von Unternehmen anzupassen. Grundsätzlich gilt jedoch, dass die einzelnen Perspektiven und deren Ziele, Kennzahlen, Vorgaben und Maßnahmen nicht unverbunden nebeneinander stehen, sondern über Ursache-Wirkungs-Ketten verknüpft werden, um auf der Basis von Korrelationsanalysen die wesentlichen Zusammenhänge deutlich zu machen. Das Ergebnis einer entsprechenden Verknüpfung könnte zum Beispiel sein, dass mit einer Verbesserung der Fremdsprachenkenntnisse von Mitarbeitern auf der Potenzialebene, Veränderungen auf der Prozess- und Kundenebene korrelieren, die wiederum mit einer Optimierung des *Return on Capital Employed* – kurz: ROCE – auf der Finanzebene zusammenhängen.

Insofern legt man für jede Perspektive zunächst strategische *Ziele* fest, die sich aus der Vision und der Strategie ableiten. Dann definiert man *Kennzahlen* beziehungsweise

Messgrößen, benennt *Vorgaben* beziehungsweise Zielwerte, um schließlich *Maßnahmen* zu bestimmen, mit deren Hilfe die Strategie zum Leben erweckt werden kann. Dieses Vorgehen führt im Idealfall zu einer Umsetzung der Vision, Mission und Strategie eines Unternehmens unter Beteiligung aller Mitarbeiter.

Zahlreiche Studien belegen, dass sich die Balanced Scorecard als betriebswirtschaftliche Methode zur Leistungsmessung und Strategierealisierung bewährt hat. Eine Untersuchung von mehr als 100 Klein-, Mittel- und Großunternehmen aus Deutschland, Österreich und der Schweiz zeigt, dass Unternehmen hinsichtlich Umsatz und Gewinn erfolgreicher als ihre Wettbewerber sind, wenn sie die Balanced Scorecard zur Planung, Steuerung und Strategieumsetzung einsetzen. Die Studie zeigt auch, dass sich die Balanced Scorecard-Anwendung positiv auf die Kunden- und Mitarbeiterzufriedenheit sowie auf die Qualität und auf weitere Kennzahlen wie Kostensenkung oder Marktanteile auswirkt.[98] Allerdings muss man darauf hinweisen, dass diese Studien fast ausnahmslos von Unternehmensberatungen stammen, die zumindest im Verdacht stehen, mit entsprechend positiven Ergebnissen ihr Beratungsgeschäft ankurbeln zu wollen.

Anwendungsbereich und Anwendungsprozess

Die Entwicklung einer Balanced Scorecard setzt zunächst Klarheit darüber voraus, ob eine Unternehmens-, eine Geschäftsbereichs- oder eine Funktionsbereichsscorecard entwickelt werden soll. Zudem müssen die strategischen Grundlagen geklärt und der organisatorische Rahmen geschaffen werden. Das heißt, Vision und Mission sollten definiert und die Projektorganisation und die zu verwen-

---

[98] Vergleiche Horváth & Partners (2004, S. 13 ff).

denden Methoden festgelegt worden sein. Sind diese Vorarbeiten erledigt, kann man mit der Entwicklung der Balanced Scorecard beginnen, die sich in sechs Phasen gliedert:[99]

- Perspektiven und deren Rangfolge festlegen,
- Ziele ableiten,
- Ursache-Wirkungs-Beziehungen aufbauen,
- Kennzahlen auswählen,
- Vorgaben beziehungsweise Sollwerte bestimmen,
- Maßnahmen definieren.

In einem ersten Schritt muss man entscheiden, welche Perspektiven berücksichtigt werden sollen. Zahlreiche Unternehmen greifen auf die klassischen Betrachtungsweisen Finanzen, Prozesse, Potenziale und Kunden zurück, obgleich sich je nach Branche weitere anbieten, wie eine Zuliefererperspektive für einen Automobilhersteller, eine Risikoperspektive für eine Bank oder eine Umweltperspektive für ein Energieunternehmen. Nach Auswahl der Perspektiven ist deren Rangfolge zu bestimmen, um deutlich zu machen, welche Abhängigkeiten zwischen den Betrachtungsweisen existieren und welche Perspektive am Ende der Wirkungskette steht. Dies dürfte in den meisten Fällen die Finanzperspektive sein, wobei die Scorecard je nach Unternehmen und Branche auch anders aufgebaut sein kann.

Hat man den organisatorischen und strategischen Rahmen sowie die Balanced Scorecard-Grundarchitektur – also die Perspektiven und Hierarchien – festgelegt, werden aus der Strategie Ziele abgeleitet. Nach Ansicht von Kaplan und Norton ist es dabei sinnvoll, nicht mehr als

---

[99] Vergleiche im Überblick Horváth & Partners (2004, S. 167 ff).

fünf Ziele je Perspektive aufzunehmen, um das System flexibel und überschaubar zu halten; gemäß dem Grundsatz: „Twenty is Plenty.“[100] Typische Finanzziele sind zum Beispiel Umsatz- und Profitabilitätsverbesserung oder Kostensenkung. Mit Blick auf die internen Prozesse wird man unter anderem Ziele wie Standardisierung, Qualitätssicherung oder die Reduktion von Produktentwicklungszeiten verfolgen. Verbesserte Fremdsprachenkenntnisse und Mitarbeiterzufriedenheitswerte oder die Verringerung der Mitarbeiterfluktuation stellen Ziele zur Förderung der unternehmensbezogenen Potenziale dar, während die Optimierung von Kundenbindung und Kundenzufriedenheit oder die Steigerung des Bekanntheitsgrades typische Ziele im Bereich der Kundenperspektive sind.

Im dritten Schritt werden die Ursache-Wirkungs-Beziehungen zwischen den einzelnen strategischen Zielen mit Hilfe so genannter *Strategy Maps* aufgedeckt. Die Strategy Maps oder Ursache-Wirkungs-Diagramme illustrieren auf der Basis von Korrelationsanalysen die Bedeutung einzelner Ziele und Zielkategorien für die Erreichung übergeordneter Finanzziele. Anders formuliert: Man unterteilt alle Ziele in unabhängige und abhängige und visualisiert wie in Abbildung 27 den jeweiligen Einfluss durch Pfeile. Ziele, die nicht in einer Kette mit anderen Zielen verknüpft werden können, sollten überprüft und gegebenenfalls vernachlässigt oder ersetzt werden, da sie offensichtlich nicht zur erfolgreichen Strategieumsetzung beitragen.

Im nächsten Schritt werden Kennzahlen ausgewählt, um Ziele zu operationalisieren und zu messen. Dabei ist sicherzustellen, dass jedes Ziel durch mindestens eine Kennzahl repräsentiert wird. Typischerweise legt man in der Praxis zunächst mehrere Kennzahlen für ein Ziel fest,

[100] Horváth & Partners (2004, S. 53).

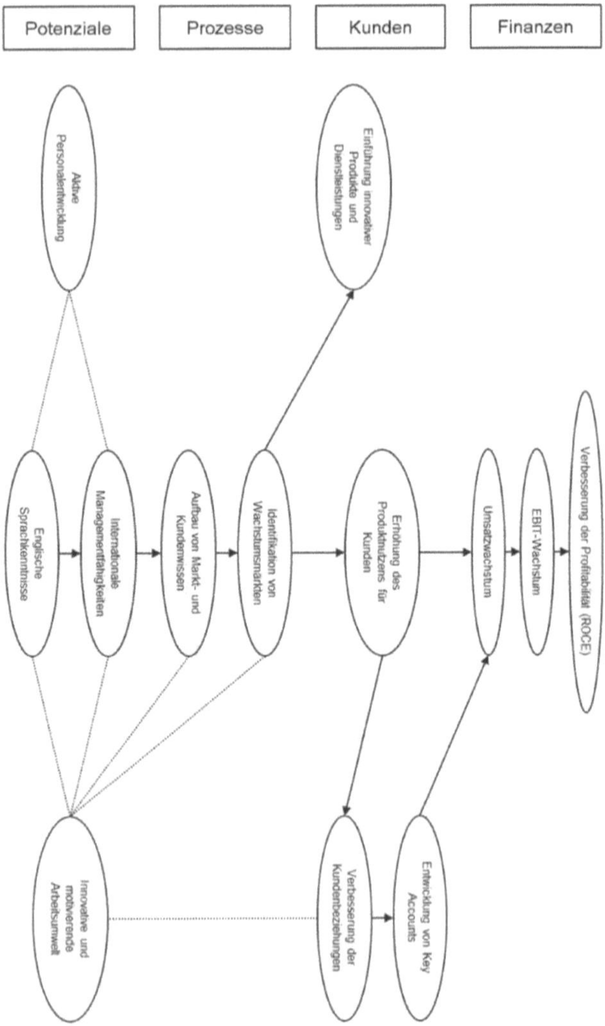

Abbildung 27: Beispielhafte Strategy Map

um dann eine Reduktion auf die wirklich wichtigen zum Beispiel anhand der Kriterien Aufwand beziehungsweise Nutzen oder Machbarkeit beziehungsweise Beeinflussbarkeit vorzunehmen. Für jede Kennzahl wird zudem bestimmt, in welchen Zeitabständen diese berechnet werden soll und wer hierfür die Verantwortung trägt. Auf diese Weise wird die Balanced Scorecard und damit die Strategie in den Arbeitsalltag der Mitarbeiter integriert und die Grundlage für eine erfolgreiche Umsetzung geschaffen.

Hat man Ziele und dazugehörige Kennzahlen festgelegt, müssen in einem fünften Schritt Vorgaben oder Sollwerte definiert werden. Die Sollwerte gehen in Zielvereinbarungen mit Führungskräften ein und können durch eine weitere Zerlegung in Teilziele und Teilsollwerte auf weitere Mitarbeiter übertragen werden. Somit wird die Balanced Scorecard zu einem Instrument, das alle Akteure eines Unternehmens einbezieht und den individuellen Beitrag zur Umsetzung von Vision, Mission und Strategie sichtbar macht. Für das Potenzialziel „Fremdsprachenkenntnisse verbessern“ mit der entsprechenden Kennzahl „Prüfungsergebnisse“ könnte man als Sollwert zum Beispiel das „Bestehen des TOEFL-Tests“[101] mit einer festgelegten Punktzahl heranziehen. Für das Finanzziel „Profitabilität steigern“ mit der entsprechenden Kennzahl „Return on Capital Employed“ – kurz: ROCE – könnte als Sollwert beispielsweise „> 20 Prozent“ dienen.[102]

---

[101] TOEFL steht für Test of English as a Foreign Language. Hierbei handelt es sich um einen standardisierten und weit verbreiteten Sprachtest, der unter anderem von Hochschulen als Zulassungsvoraussetzung für internationale Studiengänge genutzt wird.

[102] Für weitere Beispiele vergleiche Nagel & Wimmer (2009).

Im letzten Schritt muss man schließlich Maßnahmen definieren, um Sollwerte zu erreichen und Ziele umzusetzen. Die einzelnen Maßnahmen beziehungsweise Aktivitäten können Projekten und weiteren Tätigkeiten innerhalb und außerhalb des Tagesgeschäftes zugeordnet werden. Auch hier ist in der Praxis eine Priorisierung vorzunehmen, da in der Regel nicht ausreichende personelle und finanzielle Ressourcen zur Verfügung stehen, um alle geeigneten Maßnahmen in Angriff zu nehmen.

Weiterführende Hinweise

Bei der Balanced Scorecard handelt es sich um eine betriebswirtschaftliche Methode zur kennzahlenbasierten Unternehmenssteuerung. Mit der Balanced Scorecard werden Strategien in Aktivitäten übersetzt, nicht jedoch neue Strategien entwickelt. Als ausgewogenes Controllinginstrument mit koordinierender Wirkung hat sich der Ansatz in der Praxis vielfach bewährt. Allerdings ist die erfolgreiche Anwendung an einige Bedingungen geknüpft: Das Herunterbrechen von Zielen von der obersten bis zur untersten Hierarchieebene setzt effiziente Management- und Planungsprozesse voraus. Vision, Mission und Strategie müssen definiert, und die einzelnen methodischen Schritte müssen bekannt sein. Zudem ist zur Entwicklung und Umsetzung einer Balanced Scorecard ein Mindestmaß an Erfahrung mit strategischen Managementinstrumenten erforderlich. Schließlich sollte das Top Management die Anwendung nicht nur befürworten, sondern die konsequente Implementierung nachhaltig unterstützen und vorantreiben. Anderenfalls wird die Balanced Scorecard zunächst erhebliche Ressourcen binden, dann nicht die gewünschten Erfolge bringen, um schließlich ein Schattendasein neben dem herkömmlichen Berichtswesen zu führen.

3 Strategische Organisationsveränderung

Organisationen sind allgegenwärtig. Wir bewegen uns täglich in ihnen oder sind aktiver Bestandteil von ihnen. Sie dienen der Lösung von Problemen und vermögen Komplexität zu reduzieren, auch wenn sie uns manchmal undurchsichtig und chaotisch erscheinen. Im sozialwissenschaftlichen beziehungsweise betriebswirtschaftlichen Sinne stellen Organisationen Gebilde dar, in die man auf freiwilliger Basis und typischerweise aufgrund von Verträgen ein- und austreten kann, die eine Person nur teilweise vereinnahmen,[103] deren Mitglieder prinzipiell austauschbar sind und die über eine Hierarchie verfügen. Insofern unterscheiden sich Organisationen von Familien, Gruppen, Netzwerken oder Märkten. Organisationen schaffen Ordnung, indem sie Strukturen und Abläufe festlegen und solcherart ein System zweckrationalen Handelns bilden. Je nach Perspektive kann man Organisationen institutionell, instrumentell oder prozessorientiert betrachten. Im ersten Fall geht man davon aus, dass Unternehmen Organisationen sind, im zweiten Fall, dass Unternehmen Organisationen – wie ein Instrument oder Werkzeug – nutzen, während im Mittelpunkt einer prozessorientierten Betrachtungsweise die Überzeugung steht, dass in Unternehmen Organisation stattfindet.[104] Unabhängig von der jeweils eingenommenen theoretischen Perspektive gilt, dass die Bildung, die Entwicklung und der Erhalt von Organisationen auf Ziele ausgerichtet sind, die in ihrer allgemeinsten Form mit Effektivität und Effizienz umschrieben werden

---

[103] In diesem Zusammenhang wird auch von *Partialinklusion* gesprochen. Das heißt, eine Organisation hat nur einen begrenzten Zugriff auf Leib und Leben einer Person, während totale Institutionen wie Gefängnisse oder Psychiatrien ihre Mitglieder umfassend vereinnahmen. Daher spricht man hier von *Totalinklusion* (vergleiche hierzu Goffman 1973).

[104] Vergleiche Bea & Göbel (2010, S. 3 ff).

können. Um eine effektive und effiziente Organisation zu etablieren, bedarf es jedoch nicht nur der Festlegung überprüfbarer Ziele, sondern auch der Analyse aktueller Bedingungen und der Umsetzung erforderlicher Maßnahmen. Hierzu kann auf betriebswirtschaftliche Methoden zurückgegriffen werden. Die nachstehenden Ausführungen beschränken sich auf die Beschreibung des Prozess- und des Changemanagements, da es im Rahmen der Umsetzung von Strategien vor allem um die Anpassung von Strukturen und Prozessen und um die Frage geht, wie entsprechende Veränderungsinitiativen konzipiert, gesteuert und kontrolliert werden können.

3.1 Prozessmanagement

- *Problemstellung:* Analyse, Planung, Dokumentation, Gestaltung und Steuerung wertschöpfender Aktivitäten im Unternehmen mit Blick auf die Zielgrößen Kosten, Zeit, Qualität und Kundenorientierung
- *Zielgruppe:* Projektleiter, Prozessverantwortliche
- *Voraussetzungen:* Zugang zu erforderlichen Ressourcen und Projektdokumentationen sowie eindeutig definierter Projektauftrag mit präzisen Zielvorgaben für das Projektteam

Zielsetzung des Prozessmanagements

In der Managementforschung sind in den letzten Jahren immer wieder neue Trends und Grundhaltungen entstanden. Einige haben sich als schnelllebige Modeerscheinungen, andere als langfristig gültige Basiskonzepte erwiesen. Ein erfolgversprechender Trend ist die so genannte Prozessorientierung, die erstens zur Kostensenkung, zweitens zur Schaffung von Wettbewerbsvorteilen und drittens zur Verzahnung aller wertschöpfenden Aktivitäten im Unternehmen beitragen soll, um Kunden bestmöglich mit Produkten und Dienstleistungen zu versorgen. Vor allem die Kundenorientierung und die Erfüllung entsprechender Kundenanforderungen stehen im Mittelpunkt prozessorientierter Ansätze. Dabei können Kunden sowohl unternehmensinterne als auch unternehmensexterne Leistungsempfänger sein. Diese internen oder externen Leistungsempfänger erwarten, dass die nachgefragte Leistung in der gewünschten Qualität und Zeit erbracht und zu angemessenen Preisen angeboten wird. Mit Hilfe effizienter Prozesse kann man Kundenanforderungen erfüllen, die Kundenzufriedenheit steigern und die betriebliche Wertschöpfung optimieren. Das sind die wesentlichen Ziele des prozessorientierten Managements, wobei man unter einem Prozess eine Menge von Tätigkeiten versteht, die in einer vorgegebenen Reihenfolge erledigt und teilweise durch Informationssysteme unterstützt werden. Prozesse stiften auf diese Weise Kundennutzen. Durch die zunehmende Arbeitsteilung in Unternehmen und das Zergliedern von Organisationen in Geschäftseinheiten, Funktionen, Abteilungen und Unterabteilungen werden eigentlich zusammengehörende Einzelaktivitäten auseinandergerissen, neu strukturiert und Schnittstellen geschaffen. An diesen Schnittstellen kommt es in der Regel zu Problemen: Missverständnisse bei der Übergabe, Zeitverzögerungen und Doppelarbeiten sowie Kompetenz- und Verantwortlichkeitsstreitigkeiten sind in der Praxis auftretende Phänomene arbeitsteiliger Organisationen. An diesem Punkt setzt das Prozessmanagement an. Es verfolgt das Ziel, interdependente Aktivitäten zu identifizieren, zu koordinieren und zu verbessern, um eine effiziente und kundenorientierte Leistungserstellung zu gewährleisten.[105]

Beschreibung des Prozessmanagements

Kundenanforderungen können nur erfüllt werden, wenn diese bekannt sind und mit Hilfe geeigneter Prozesse bearbeitet werden. Zur Ermittlung der Kundenanforderungen kann man auf zahlreiche betriebswirtschaftliche Methoden wie die Conjoint-, Means-End- oder Kano-Analyse zurückgreifen.[106] Zur Bestimmung einer geeigneten, kundenorientierten Folge von Aktivitäten kann man die Erkenntnisse des Prozessmanagements nutzen. Diese Erkenntnisse bestehen unter anderem darin, dass man die betriebliche Leistungserstellung durch Prozessinnovationen, Prozessverlängerungen oder -verkürzungen und durch den gezielten Abbau redundanter, fehlerhafter oder ineffizienter Prozesse verbessern kann.

Rationalisierungsbemühungen setzen allerdings Transparenz darüber voraus, wo welche Leistung von wem mit welchem Aufwand und für welchen Kunden erstellt wird. Insofern ist zunächst zu bestimmen, was benötigt wird, um einen Prozess auszuführen. In diesem Zusammenhang spricht man vom so genannten *Input*, also von Leistungen vorgelagerter Prozesse. Dann ist die *Sequenz von Arbeitsschritten* zu betrachten, also der Prozess selbst, bevor man schließlich das Ergebnis des ausgeführten Prozesses, den so genannten *Output*, analysieren kann. Für ge-

---

[105] Vergleiche Bea & Göbel (2010, S. 393 ff) und Posluschny (2012, S. 11 ff).

[106] Vergleiche im Überblick Nagel & Mieke (2014a, S. 193 ff).

wöhnlich ist der Empfänger des Outputs ein anderer Prozess innerhalb oder außerhalb des Unternehmens. Diese Input-Prozess-Output-Sequenz ist dann effektiv und effizient, wenn die Kriterien Kosten, Zeit und Qualität in einem optimalen Verhältnis zueinander stehen. Dabei ist zu berücksichtigen, dass nicht alle Prozesse die gleiche Bedeutung für den wirtschaftlichen Erfolg eines Unternehmens haben. Die Wahl des Detaillierungsgrades im Rahmen eines Prozessmanagementprojektes ist vielmehr davon abhängig, wie wichtig ein Prozess ist und wie umfangreich die gewünschte Optimierung ausfallen soll. Grundsätzlich können Prozesse in Organisationen in drei Hauptkategorien unterteilt werden:

- Management- beziehungsweise Führungsprozesse steuern Kernprozesse in Unternehmen, um übergeordnete Ziele zu erreichen, wobei man in personenbezogene und sachbezogene Führungsprozesse unterscheidet.
- Operative beziehungsweise Kern- oder Geschäftsprozesse umfassen alle Aktivitäten, die mit der direkten Leistungserstellung für den Kunden verbunden sind. Sie sind in der Regel nicht imitier- und substituierbar und bilden somit die Grundlage für Wettbewerbsvorteile des Unternehmens.
- Unterstützungsprozesse stiften keinen unmittelbaren Nutzen für den Kunden, gewährleisten jedoch den reibungslosen Ablauf der Kernprozesse, indem sie im Hintergrund definierte Leistungen zur Verfügung stellen.

Prozesse lassen sich jedoch nicht nur in unterschiedliche Kategorien einteilen, sondern auch hierarchisch ordnen. Wie in Abbildung 28 dargestellt, kann man folgende Hierarchieebenen unterscheiden:

- Hauptprozesse,

- Teilprozesse,
- Aktivitäten.

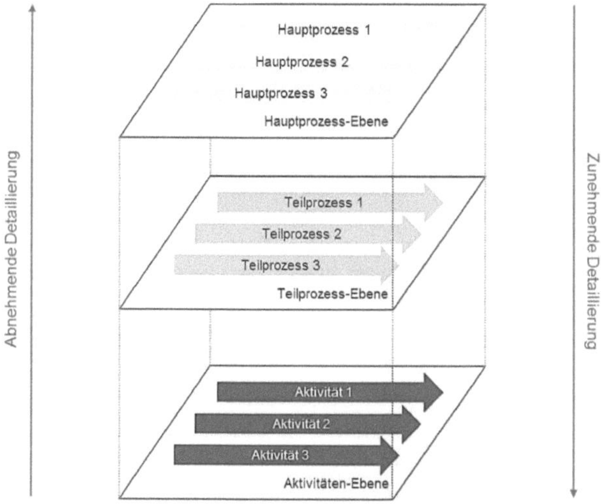

Abbildung 28: Hauptprozesse, Teilprozesse und Aktivitäten

Prozesse auf der obersten Ebene der Betrachtung von Unternehmensprozessen bezeichnet man als *Hauptprozesse*. Die Kundenakquise oder die Auftragsabwicklung stellen beispielsweise Hauptprozesse dar, die in *Teilprozesse*, also in seriell und parallel ablaufende Arbeitsschritte, Verzweigungen und Entscheidungen, zerlegt werden können. Ein Teilprozess im Rahmen der Kundenakquise wäre zum Beispiel die Angebotserstellung, während man die Warenauslieferung als einen Teilprozess der Auftragsabwicklung betrachten könnte. Auf der Ebene von Teilprozessen werden üblicherweise Prozessschritte sowie Rollen und Verantwortlichkeiten beschrieben.

Mehrere Arbeitsschritte können zu *Aktivitäten* zusammengefasst werden, die im Beschreibungsgrad detaillierter sind als Teilprozesse, da man neben Prozessschritten sowie Rollen und Verantwortlichkeiten auch die Unterstützung durch IT-Systeme oder Schnittstellen in den Blick nimmt. Die Detailbetrachtung auf Aktivitätenebene gestattet fundierte Analysen und entsprechende Optimierungen, da Zeiten und Kosten mit den Aktivitäten aller Prozessbeteiligten verknüpft und solcherart Schwachstellen und Verbesserungspotenziale aufgedeckt werden können.

Prozesse können weiter klassifiziert werden, je nachdem, ob sie durch einen internen oder einen externen Kunden angestoßen werden, ob sie für die Kundenzufriedenheit wichtig oder unwichtig sind und ob es viele oder wenige Prozessbeteiligte gibt. Insbesondere die komplexen und kundenzufriedenheitsrelevanten Prozesse sollten im Mittelpunkt des Prozessmanagements stehen, da sie aufgrund der Vielzahl an Schnittstellen fehleranfällig, aber zugleich auch erfolgskritisch für Unternehmen sind.[107]

Anwendungsbereich und Anwendungsprozess

Prozesse werden üblicherweise im Rahmen von Projekten aufgenommen, analysiert, bewertet, erneuert, angepasst und eingeführt. *Projekte* unterscheiden sich von Routinetätigkeiten durch einen definierbaren Anfang und ein definierbares Ende sowie durch die Einmaligkeit der Bedingungen, die zum Beispiel in speziellen Zielvorgaben, zeitlichen, finanziellen und personellen Begrenzungen oder in spezifischen Organisationsformen bestehen. Der Auslöser von Prozessmanagementprojekten sind entweder in-

---

[107] Vergleiche im Überblick Becker, Kugeler & Rosemann (2012).

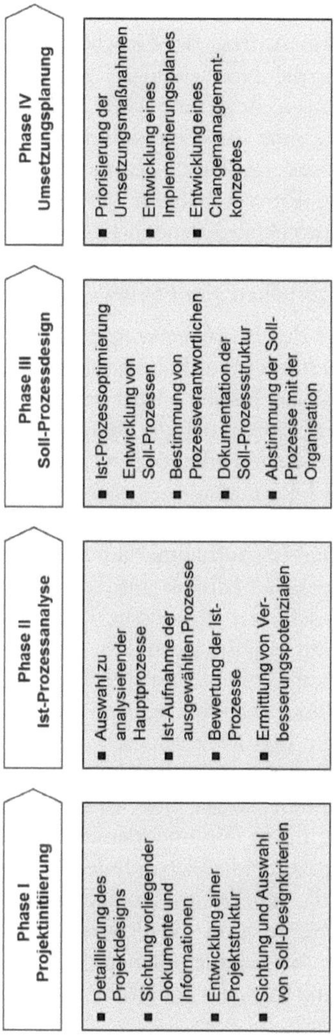

Abbildung 29: Ablauf von Prozessmanagementprojekten

terne oder externe Faktoren: Interne Faktoren wären beispielsweise ein Auftrag der Geschäftsleitung, Ideen von Mitarbeitern, die Notwendigkeit zur Kosteneinsparung oder zur Effizienzsteigerung sowie Defizite im Branchenvergleich. Externe Auslöser könnten Ausschreibungen von Kunden oder konkrete Kundenaufträge zur Durchführung von Prozessanalysen sein.[108] Unabhängig von den jeweils projektauslösenden Faktoren laufen Prozessmanagementinitiativen typischerweise in den in Abbildung 29 dargestellten vier Phasen ab:

In der Phase der *Projektinitiierung* geht es primär um die Schaffung bestmöglicher Rahmenbedingungen für das geplante Vorhaben. Insofern wird zunächst das Projektdesign detailliert, indem man die zu betrachtenden Prozesse identifiziert und alle vorhandenen Prozessbeschreibungen und Prozessdokumentationen sichtet und archiviert. In diesem Zusammenhang wird auch bestimmt, welche Mitarbeiter in der Ist-Aufnahme befragt werden sollen, um Prozesse gegebenenfalls bis auf Aktivitätenebene verstehen und modellieren zu können. Die Entwicklung einer Projektstruktur umfasst sowohl die Definition von Rollen und Verantwortlichkeiten im Projekt, als auch die Erstellung eines Prozesshandbuches und die Auswahl der Analysemethoden. Das Prozesshandbuch beinhaltet eine Beschreibung des relevanten Projektvokabulars und der Projektmethodologie sowie eine Übersicht über Umfang, Qualität und Form dokumentierter und zu dokumentierender Prozesse. Schließlich definiert man in dieser ersten Phase noch die Soll-Designkriterien und legt fest, mit welchen Softwarelösungen die Prozesse modelliert werden sollen. Diese Maßnahmen dienen der klaren Abgrenzung des Projektumfangs, der Schaffung von Transparenz über

---

108 Vergleiche im Überblick Bea, Scheurer & Hesselmann (2011).

das Projektvorgehen und der Bereitstellung aller erforderlichen Materialien, Informationen und Werkzeuge zur Analyse bestehender und zum Design neuer Prozesse.

Die Phase der *Ist-Prozessanalyse* beginnt mit der Auswahl der zu untersuchenden Hauptprozesse und der Festlegung, ob diese mit ihren jeweiligen Unterstützungsprozessen bis auf Teilprozessebene oder sogar bis auf Aktivitätenebene betrachtet werden sollen. Bei einer Detailbetrachtung auf Aktivitätenebene berücksichtigt man sowohl Rollen, Verantwortlichkeiten und die Systemunterstützung als auch den tatsächlich erbrachten beziehungsweise den gewünschten Output und alle relevanten Leistungsempfänger. Zur Aufnahme der Prozesse werden alle verfügbaren Informationen herangezogen und Dokumentationslücken im Rahmen von Interviews mit Bereichs- und Abteilungsleitern sowie Prozessverantwortlichen geschlossen. Zur Aufnahme und Dokumentation der Prozesse werden die in der ersten Phase beschriebenen Methoden und Vorlagen verwendet.

Die aufgenommenen Prozesse werden insbesondere auf Basis der folgenden Aspekte bewertet: Komplexität, Effektivität, Effizienz, Leistungserbringung und Prozessverantwortung. Das heißt, man prüft, ob Prozesse doppelt vorhanden, unnötig komplex oder zu teuer sind, ob der Output den Wünschen der Leistungsempfänger entspricht und ob die Verantwortung klar geregelt ist. Auf Basis der Bewertung können Verbesserungs-, Komplexitätsreduktions- und Kosteneinsparpotenziale aufgezeigt und Maßnahmen mit kurz-, mittel- und langfristiger Wirkung identifiziert werden.

Zur Ableitung von Optimierungspotenzialen kann man auf die in Abbildung 30 dargestellte *7R-Methode* zurückgreifen. Mit Hilfe dieser Methode lassen sich Prozesse unter verschiedenen Gesichtspunkten betrachten: (1) *Reassign* rückt die Frage in den Mittelpunkt, ob die jeweilige Aktivität an andere Stellen delegiert oder ausgelagert werden kann. (2) *Reduce* verweist auf die Möglichkeit, die Durchführungshäufigkeit oder erforderliche Ressourcen zu reduzieren. (3) *Relocate* beinhaltet die Überlegung, inwiefern eine Aktivität näher an den Kunden gerückt und damit effektiver durchgeführt werden kann. (4) *Resequence* befasst sich mit dem „Wann" beziehungsweise mit der zeitlichen Abfolge von Aktivitäten. (5) *Retool* fragt nach dem „Wie" der Ausführung und insofern nach Optionen der Systemunterstützung oder der Automatisierung von Aktivitäten. (6) *Reconfigure* betrachtet Aktivitäten unter dem Gesichtspunkt der vollständigen Eliminierung oder der Konsolidierung, während (7) *Rethink* zum einen nach den Gründen fragt, warum Aktivitäten in der aktuellen Form durchgeführt werden, und zum anderen die Plausibilität dieser Gründe kritisch reflektiert.

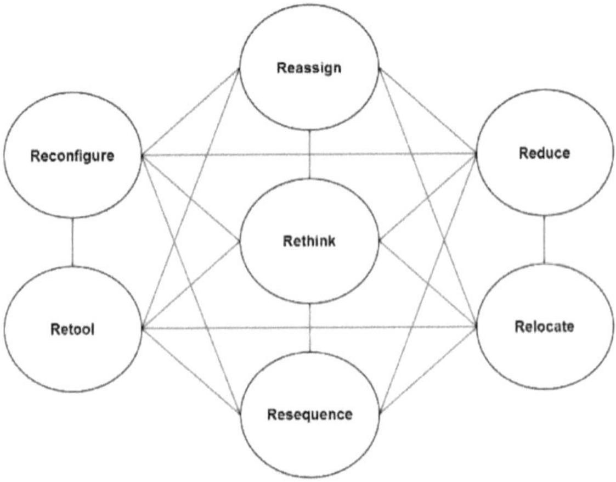

Abbildung 30: 7R-Methode

Die besonderen Herausforderungen in der zweiten Phase bestehen in schwer zugänglichen oder bewusst zurückgehaltenen Ist-Dokumentationen, in der ungenauen Ermittlung von Prozesszeiten und daraus resultierenden fehlerhaften Kosten durch Verdeckung der wahren Nettoarbeitszeiten und in der zum Teil mangelnden Bereitschaft zur raschen Umsetzung identifizierter Verbesserungen. Insofern ist es erforderlich, alle relevanten Prozessbeteiligten in das Projekt zu integrieren, um die wesentlichen Informationen verfügbar zu machen. Der Aufbau eines systematischen Controllingsystems und die Festschreibung der Optimierungen in den individuellen Zielvereinbarungen der Prozessverantwortlichen erhöhen zudem die Veränderungsbereitschaft und die Motivation, erforderliche Verbesserungen nicht nur auf dem Papier zu skizzieren, sondern tatsächlich in der Praxis anzustoßen.

Im Mittelpunkt der *Soll-Prozessdesignphase* steht die Neugestaltung der ausgewählten und im Detail analysierten Prozesse. Die Soll-Prozessstruktur und die entsprechenden Rollen und Verantwortlichkeiten werden definiert und dokumentiert. Dabei ist es denkbar, nicht nur einen Soll-Prozess, sondern Soll-Prozessszenarien zu entwickeln und diese hinsichtlich der Kriterien Nutzen, Schnelligkeit und Implementierungskosten zu evaluieren und zu gewichten. Das Erstellen von Soll-Prozessszenarien ist vor allem im Rahmen internationaler Prozessmanagementprojekte erforderlich, da hier nicht nur personen- und systembezogene Aspekte, sondern auch rechtliche und kulturelle Besonderheiten in den einzelnen Ländergesellschaften in Erwägung gezogen werden müssen. Die wesentlichen Herausforderungen in dieser Phase bestehen in der Überwindung von Veränderungsresistenzen, in der systematischen Berücksichtigung parallel verlaufender Initiativen und Projekte und in der Befähigung der Mitarbeiter zur Soll-Prozessumsetzung. Meistern kann man diese Herausforderungen durch eine frühzeitige Einbindung der Stakeholder in das Projekt, um Erwartungen zu erkennen, die bei der Definition der Soll-Struktur berücksichtigt werden sollten. Zudem ist es sinnvoll, ein Integrationsmanagement zu etablieren, dessen Aufgabe darin besteht, Initiativen und Projekte abteilungs-, bereichs- und funktionsübergreifend zu betrachten. Schließlich sollte man Trainings- und Coachingmaßnahmen für alle betroffenen Mitarbeiter anbieten – nicht zuletzt, um zu vermeiden, dass Leistungsträger aus Sorge vor Veränderungen in der Organisation das Unternehmen verlassen.

Die Phase der *Umsetzungsplanung* besteht im Wesentlichen aus der Priorisierung der Veränderungsmaßnahmen und der Ableitung von Detailaktivitäten sowie aus der Entwicklung eines Implementierungsplans. Mit Blick auf die Implementierung sind die benötigten Ressourcen, die erforderlichen Aktivitäten und die Rollen und Verantwortlichkeiten zu definieren. Zudem sollten mögliche Risiken identifiziert und mögliche Gegenmaßnahmen bestimmt und ein Changemanagementkonzept entwickelt werden.

Weiterführende Hinweise

Prozessorientierung bedeutet, dass man alle unternehmensinternen Abläufe aus der Sicht des Kunden sowie funktions- beziehungsweise abteilungsübergreifend betrachtet. Damit diese Idee Wirklichkeit werden kann, benötigen Unternehmen auch eine prozessorientierte Organisation, die im Rahmen eines Veränderungsprozesses aufgebaut werden kann. Wie solche Veränderungsmaßnahmen entwickelt, gesteuert und umgesetzt werden können, illustriert Kapitel 3.2, das sich mit dem Thema Changemanagement befasst.

3.2 Changemanagement

- *Problemstellung:* Anpassung der Strukturen, Prozesse und Systeme sowie der Einstellungen und Verhaltensweisen der Mitarbeiter an geänderte Umwelt- und Unternehmensbedingungen und neue Unternehmensziele
- *Zielgruppe:* Projektleiter, Changemanagementverantwortliche
- *Voraussetzungen:* Ausformulierte Vision und eindeutig definierter Projektauftrag mit messbaren Zielvorgaben, Unterstützung durch das Management, Beschaffung von Informationen zu Veränderungswiderständen, erfahrener und anerkannter Projektleiter mit ausgeprägten Kommunikationsfähigkeiten

Zielsetzung des Changemanagements

Unternehmen sind soziale Systeme, die prinzipiell auf Dauer angelegt sind und daher stabil sein sollen. Stabilität wird erreicht, indem organisatorische Strukturen, Prozesse und Abläufe geschaffen werden, die einen Ordnungsrahmen bilden und Komplexität reduzieren. Im Rahmen der betrieblichen Tätigkeit sind Unternehmen jedoch nicht nur auf sich selbst, sondern auch auf die Umwelt bezogen, mit der sie permanent im Austausch stehen. So existieren vielfältige Wechselbeziehungen mit Kunden, Wettbewerbern oder anderen gesellschaftlichen Gruppen. Deren Anforderungen, Erwartungen und Einstellungen können sich im Laufe der Zeit ebenso ändern, wie die allgemeinen Marktbedingungen oder die technologischen

Voraussetzungen. Dieser Wandel zwingt Unternehmen dazu, dynamisch, flexibel und veränderungsfähig zu sein. Anders formuliert: Neue System*umwelten* erfordern eine Anpassung der System*innenwelten* – also eine Anpassung der Organisation, der Prozesse, der Kooperations- oder der Rechtsformen. Diese Veränderungen müssen systematisch geplant, umgesetzt und kontrolliert werden, damit Unternehmen ungeachtet der vielfältigen externen und internen Einflussfaktoren auf Erfolgskurs bleiben.

Die Notwendigkeit zum organisatorischen Wandel hat in den vergangenen Jahren zugenommen, da zum einen der Wettbewerb in zahlreichen Branchen intensiver und gleichzeitig die Produktlaufzeiten kürzer geworden sind. Zum anderen haben weitere externe Einflussgrößen wie die Entstehung neuer Kundengruppen, das gestiegene Umweltbewusstsein breiter Bevölkerungsschichten, rechtliche Änderungen oder ethische Ansprüche an die Unternehmensführung an Bedeutung gewonnen. Die Ursachen des Wandels liegen jedoch nicht nur außerhalb der Unternehmen. Die Ursachen sind zum Teil auch unternehmensintern zu suchen, vor allem wenn bei der Verfolgung von Wachstumsstrategien Unternehmensakquisitionen in Betracht gezogen oder Unternehmenszusammenschlüsse realisiert werden. Infolgedessen ändern sich typischerweise Ziele und Strategien, aber auch Leitbilder, Führungsstile und Unternehmenskulturen. Innovationen in der Fertigung oder in der Informationstechnologie haben schließlich dazu geführt, dass virtuelles Arbeiten und das so genannte Home Office möglich wurden und Organisations- und Prozessverantwortliche völlig neue Strukturen aufbauen mussten. Alle Formen des durch externe und interne Faktoren verursachten Wandels fasst man mit dem Begriff des Changemanagements zusammen. Ziel des Changemanagements ist es, Unternehmen an neue

Anforderungen anzupassen und einen System-Umwelt-Fit[109] herzustellen. Neben dem *System-Umwelt-Fit* ist auch ein *System-System-Fit* beziehungsweise ein Intra-System-Fit zu realisieren. Das heißt, die internen Einflussgrößen sind ebenfalls auf- und miteinander abzustimmen – wie die Organisation mit der Strategie und diese mit den Informationssystemen.[110]

Wie man die zentralen Kernvariablen eines Unternehmens gestalten und in Einklang bringen kann, macht zum Beispiel das 7S-Modell deutlich, das in Kapitel 1.7 vorgestellt wird. Insgesamt geht man im Rahmen des Changemanagements davon aus, dass Wandel nicht mehr die Ausnahme, sondern die Regel ist und Unternehmen demnach flexibel, innovativ und kundenorientiert organisiert, gesteuert und geführt werden müssen. Die besondere Herausforderung besteht dabei in der Einbeziehung der Beschäftigten, deren Veränderungsbereitschaft der zentrale Erfolgsfaktor aller Changemanagementmaßnahmen darstellt.

Beschreibung des Changemanagements

Changemanagement ist eine spezifische Form des geplanten Wandels, der die Reorganisation und die Organisationsentwicklung umfasst. Dabei versteht man unter *Reorganisation* die Änderung oder Neugestaltung von Strukturen und Prozessen mit dem Ziel, eine effektive Aufbau- und Ablauforganisation zu erhalten. Im Mittelpunkt der

---

[109] Die System-Umwelt-Fit-Hypothese entstammt dem situativen Ansatz, demzufolge man aus empirischen Daten ableitet, welche organisatorische Struktur zu welcher Umweltsituation passt, um folglich einen Fit zwischen Unternehmen und Umwelt herzustellen (vergleiche Vahs 2012, S. 43 ff).

[110] Vergleiche Bea & Göbel (2010, S. 452 ff).

Organisationsentwicklung steht demgegenüber nicht nur die Restrukturierung, sondern auch und vor allem die Verhaltensänderung der Organisationsmitglieder. Changemanagement beinhaltet sowohl die Spezifika der Reorganisation als auch jene der Organisationsentwicklung und wird daher seit einigen Jahren als Oberbegriff für gezielte Unternehmensveränderungen in organisatorischer, prozessualer, technologischer, kultureller und verhaltensbezogener Hinsicht verwendet.[111]

Die Ursprünge des Changemanagements liegen in den Forschungsarbeiten von Mayo, Roethlisberger und Dickson, die in den Hawthorne-Werken der Western Electric Company zwischen 1927 und 1932 die Auswirkungen der Veränderung von Arbeitsbedingungen auf die Arbeitsleistung untersuchten. Die Ergebnisse zeigen unter anderem, dass Arbeitsleistung und Zufriedenheit der Mitarbeiter stärker von der Aufmerksamkeit für die Beschäftigten und der Zugehörigkeit zu informellen Gruppen innerhalb der Organisation beeinflusst werden als zum Beispiel von Veränderungen der Lichtverhältnisse. Änderungen in Unternehmen kann man insofern nicht nur durch eine Modifikation der technisch-physikalischen Bedingungen herbeiführen, sondern man muss auch individuelle und zwischenmenschliche Aspekte berücksichtigen. Wandel setzt somit vor allem die Einbeziehung aller relevanten Akteure und die Überwindung von Änderungsbarrieren seitens der Organisationsmitglieder voraus, welche die Notwendigkeit von Veränderungen verstehen und akzeptieren müssen, bevor diese umgesetzt werden können.

Diese Aspekte stehen im Mittelpunkt der Arbeiten von Lewin, der deutlich gemacht hat, wie man mit Trägheiten

---

111 Vergleiche Bea & Göbel (2010, S. 484 ff) und Jones & Bouncken (2008, S. 598 ff).

und Widerständen umgehen und Änderungsprozesse gestalten kann. Dabei unterscheidet er drei Phasen: *Unfreezing*, *Moving* und *Freezing*. In der Unfreezing- beziehungsweise Auftauphase muss das bestehende Gleichgewicht in Frage gestellt und die Bereitschaft für einen Wandel erzeugt werden. In der Moving- beziehungsweise Veränderungsphase werden neue Praktiken erprobt, Veränderungen initiiert und der Weg zu einem neuen Gleichgewicht beschritten. Die Freezing- beziehungsweise Stabilisierungsphase ist schließlich dadurch charakterisiert, dass neue Gewohnheiten entstehen sowie implementiert und eingefroren werden, um den gewünschten Änderungsprozess – zumindest vorläufig – abzuschließen. Insgesamt liegt dem Episodenschema von Lewin die Überzeugung zugrunde, dass sich Wandel zyklisch und am erfolgreichsten unter aktiver Beteiligung aller Betroffenen vollzieht.[112] Die zentrale und empirisch fundierte Idee des Konzeptes von Lewin kann man zusammenfassend in folgende Metapher kleiden: „Wer die Form eines gefrorenen Gutes verändern will, muss dieses dazu erst einmal auftauen, sonst bricht es entzwei. Sollen die neuen Formen Bestand haben, muss man sie in eine feste Form bringen."[113]

Anwendungsbereich und Anwendungsprozess

Als Reaktion auf sich kontinuierlich verändernde externe und interne Bedingungen wurden in jüngerer Vergangenheit vermehrt Changemanagementprojekte initiiert, die je nach Problemstellung zwar unterschiedlich ablaufen, aber üblicherweise die in Abbildung 31 dargestellten, generischen Phasen aufweisen:

---

112 Vergleiche Schreyögg (2008, S. 403 ff).

113 Schreyögg (2008, S. 412).

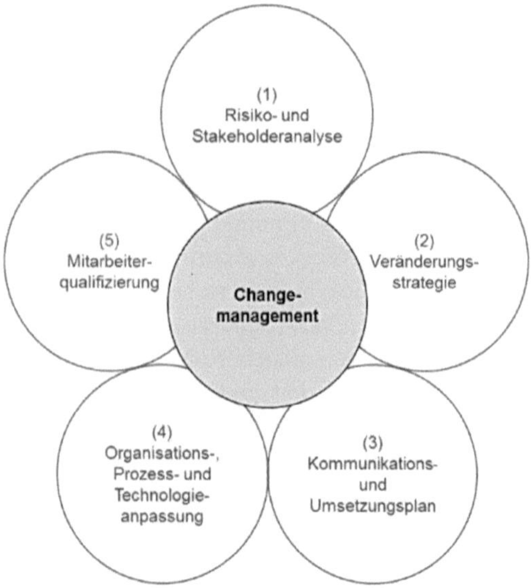

Abbildung 31: Ablauf von Changemanagementprojekten

- Durchführung einer Risiko- und einer Stakeholderanalyse,
- Entwicklung einer Veränderungsstrategie,
- Erstellung eines Kommunikations- und Umsetzungsplanes,
- Anpassung der Organisation, der Prozesse und der Technologien,
- Qualifizierung der Mitarbeiter.

Ausgangspunkt und Auslöser von Changemanagementprojekten ist im Allgemeinen von außen oder innen erzeugter Druck auf das Management, der eine Veränderungsbereitschaft erzeugt. Der Wille der Führungskräfte, traditionelle Praktiken und Sichtweisen zu überdenken, neue Abläufe und Prozesse zu testen oder alternative Systeme und Strukturen in Erwägung zu ziehen sind ebenso Voraussetzungen erfolgreicher Changemanagementmaßnahmen wie das systematische Einbeziehen der Belegschaft im Sinne eines partizipativen Ansatzes. Letzteres ist insofern wichtig, als Wandel von den Mitarbeitern möglicherweise als Bedrohung wahrgenommen wird und Unsicherheit auslösen kann: Wenn sich Arbeitsaufgaben, Arbeitsabläufe oder Arbeitsverantwortliche ändern, reagieren Mitarbeiter recht häufig mit offenem oder verdecktem Widerstand, da sie das individuell Erreichte oder sogar den Arbeitsplatz insgesamt in Gefahr sehen. Insofern sollten in einem ersten Schritt personenbezogene und organisatorische Risiken aufgedeckt und nach Möglichkeit quantifiziert werden. An die Quantifizierung schließt sich die Risikobewertung an, in deren Rahmen das Ausmaß des Risikos für die gewünschte Veränderung bestimmt wird. Auf der Basis der Identifikation, Quantifizierung und Bewertung kann man schließlich geeignete Maßnahmen ableiten und einen Aktionsplan zur Reduzierung der Risiken entwickeln.

In der ersten Phase von Changemanagementprojekten werden neben den aktuellen und potenziellen Risiken auch die zentralen Stakeholder analysiert. Dabei kommt es darauf an, jene Anspruchsgruppen ausfindig zu machen, die für das Projekt erfolgskritisch sind. Interessen und Einflussmöglichkeiten jener Akteure werden erfasst, die von den angestrebten Entscheidungen direkt oder indirekt betroffen sind und Veränderungen entweder unterstützen oder blockieren können. Die Vorgehensweise bei der Stakeholderbetrachtung orientiert sich ebenfalls an den Aspekten Identifikation, Quantifizierung und Bewertung. Ausführliche Hinweise zur Durchführung einer Stakeholderanalyse finden sich in Kapitel 1.4.

In einem zweiten Schritt wird eine Changemanagementstrategie entwickelt. Dabei stellen die Vision und Mission sowie die unternehmerischen Ziele den Überbau und die analysierten Risiken und Stakeholdererwartungen die Datengrundlage der abgeleiteten, spezifischen Veränderungsaktivitäten dar. In dieser Phase muss man entscheiden, welche Ressourcen für welche Aktionsfelder bereitgestellt werden sollen, damit der gewünschte Wandel eintreten kann. Die strategische Stoßrichtung sollte allen relevanten Organisationsmitgliedern zum Beispiel mit Hilfe einer *Strategy Articulation Map* transparent und verständlich gemacht werden. Dabei handelt es sich um eine grafische Darstellung der Ursache-Wirkungs-Beziehungen, die einer Strategie zugrunde liegen. Die Strategy Articulation Map ermöglicht es den Führungskräften, strategische Ziele und Maßnahmen zu erklären und den Beitrag jedes Mitarbeiters zur Strategieumsetzung herauszustellen. Auf diese Weise werden Betroffene zu Beteiligten, und die Veränderungsbereitschaft wird verbessert. Die entsprechenden Kommunikationsmaßnahmen und Umsetzungspläne werden in einem dritten Schritt entwickelt. In dieser Phase geht es nicht nur um die allgemeine, sondern um die spezifische Einbeziehung der Mitarbeiter. Das heißt, es werden konkrete Umsetzungsschritte, Methoden, Meilensteine und Verantwortlichkeiten definiert und ein detaillierter Projektplan erstellt.

Spätestens an dieser Stelle versuchen Manager, so genannte *Promotoren* zu gewinnen. Promotoren sind Mitarbeiter, die zum Beispiel aufgrund ihrer fachlichen Qualifikation oder ihrer empathischen, den Kollegen zugewandten und fürsorglichen Art innerhalb von Teams hohes Ansehen genießen. Wenn sich Promotoren für die Einführung einer Neuerung aussprechen, wirken sie als

Multiplikatoren in der Belegschaft und überzeugen Skeptiker üblicherweise schneller und nachhaltiger, als dies Vorgesetzten in der Regel gelingt.

Die vierte Phase umfasst die organisatorische, prozessuale und technologische Anpassung und Neuausrichtung des Unternehmens. Geplante Veränderungen machen es häufig erforderlich, dass man die Aufbau- und die Ablauforganisation sowie Verfahren und Techniken der Beschaffung oder der Produktion modifiziert und neue Informations- und Kommunikationstechnologien einführt. Der gegenwärtige Arbeitsalltag ist im Allgemeinen gekennzeichnet durch die Nutzung von Mobiltelefonen, Computern und entsprechender Software sowie im Speziellen durch die zunehmende Verbreitung von internetbasierten Anwendungen, die von der Bankkontenverwaltung bis zum Cloud Computing reichen, womit das Zugreifen auf Speichersysteme oder einsatzfähige Software über ein Netz gemeint ist. Die Einführung entsprechender Hard- und Software hat in der jüngeren Vergangenheit die Wertschöpfungskette in nahezu allen Branchen und damit das Aufgabenspektrum der Mitarbeiter nachhaltig verändert.

Damit alle Organisationsmitglieder in der veränderten Umgebung erfolgreich sein können, müssen in der fünften Phase Entwicklungs- und Trainingsprogramme konzipiert und umgesetzt werden. Wissen, Fähigkeiten und Kompetenzen der Mitarbeiter sind mit neuen Strukturen, Prozessen und Technologien in Einklang zu bringen. Das heißt, Changemanagementverantwortliche müssen den Mitarbeitern neue Organigramme und Abläufe vorstellen und die Besonderheiten neuer Tools und Systeme verständlich machen. Dabei ist stets der Nutzen der jeweiligen Veränderung vor dem Hintergrund der kommunizierten Ziele und Strategien herauszustellen, um Veränderungswiderstände möglichst gering zu halten. Im Sinne des 3-Phasen-Modells von Lewin müssen alte Gewohnheiten zunächst aufgebrochen werden, bevor man gewünschte Verhaltensweisen erproben und schließlich festigen kann.

Weiterführende Hinweise

Changemanagement wird recht häufig mit geplantem Wandel oder durch Anordnung initiierte Veränderungen gleichgesetzt. In Organisationen gibt es aber auch Tendenzen des ungeplanten Wandels. Ungeplanter Wandel bedeutet, dass Veränderungen verdeckt, unbewusst oder ungewollt ablaufen. Start-up-Unternehmen werden zum Beispiel im Rahmen ihrer Entwicklung nicht nur größer, sondern typischerweise auch formalistischer, wodurch sich neue Strukturen herausbilden, die zumeist nicht intendiert und systematisch geplant sind. Vielfach existieren auch heimliche Spielregeln, informelle Gruppen und so genannte Hidden Leaders, die ungeplanten Wandel anstoßen und forcieren können. Diese emergenten Prozesse in Unternehmen sollten ebenso wenig vernachlässigt werden wie die Bedeutung verhaltensorientierter oder kultureller Aspekte. Denn selten scheitern Changemanagementprojekte an der Umgestaltung der Aufbau- und Ablauforganisation, sondern viel häufiger an den beteiligten Menschen und den entsprechenden Normen, Werten und Verhaltensmustern, die sehr viel träger und widerstandsresistenter sind als Strukturen, Prozesse oder Technologien.

Literaturverzeichnis

Alter, R. (2011). Strategisches Controlling. Unterstützung des strategischen Managements. München: Oldenbourg.

Bea, F.X., Friedl, B. & Schweitzer, M. (Hrsg.). (2006). Allgemeine Betriebswirtschaftslehre. Band 3: Leistungsprozess (9. Aufl.). Stuttgart: Lucius & Lucius.

Bea, F.X. & Göbel, E. (2010). Organisation (4. Aufl.). Stuttgart: UTB.

Bea, F.X. & Haas, J. (2013). Strategisches Management (6. Aufl.). Konstanz: UVK.

Bea, F.X., Helm, R. & Schweitzer, M. (2009). BWL-Lexikon. Stuttgart: Lucius & Lucius.

Bea, F.X., Scheurer, S. & Hesselmann, S. (2011). Projektmanagement (2. Aufl.). Stuttgart: UTB.

Bea, F.X. & Schweitzer, M. (Hrsg.). (2009). Allgemeine Betriebswirtschaftslehre. Band 1: Grundfragen (10. Aufl.). Stuttgart: Lucius & Lucius.

Bea, F.X. & Schweitzer, M. (Hrsg.). (2011). Allgemeine Betriebswirtschaftslehre. Band 2: Führung (10. Aufl.). Konstanz: UVK.

Becker, J., Kugeler, M. & Rosemann, M. (Hrsg.). (2012). Prozessmanagement. Ein Leitfaden zur prozessorientierten Organisationsgestaltung (7. Aufl.). Berlin: Springer Gabler.

Berk, L.E. (2011). Entwicklungspsychologie (5. Aufl.). München: Pearson.

Bruhn, M. (2013a). Kommunikationspolitik. Systematischer Einsatz der Kommunikation für Unternehmen (7. Aufl.). München: Vahlen.

Bruhn, M. (2013b). Relationship Marketing. Das Management von Kundenbeziehungen (3. Aufl.). München: Vahlen.

Buzzell, R.D. & Gale, B.T. (1987). The PIMS Principles. Linking Strategy to Performance. New York: Free Press.

Corsten, H. & Corsten, M. (2012). Einführung in das Strategische Management. Konstanz: UVK.

D'Aveni, R.A. (1994). Hypercompetition. Managing the Dynamics of Strategic Maneuvering. New York: Free Press.

Dillerup, R. & Stoi, R. (Hrsg.). (2012). Fallstudien zur Unternehmensführung (2. Aufl.). München: Vahlen.

Dillerup, R. & Stoi, R. (2013). Unternehmensführung (4. Aufl.). München: Vahlen.

Farmer, R.N. & Richman, B.M. (1965). Comparative Management and Economic Progress. Homewood: Irwin.

Fiedler, R. & Gräf, J. (2012). Einführung in das Controlling. Methoden, Instrumente und IT-Unterstützung (3. Aufl.). München: Oldenbourg.

Fink, D. (Hrsg.). (2004a). Management Consulting Fieldbook. Die Ansätze der großen Unternehmensberater (2. Aufl.). München: Vahlen.

Fink, D. (2004b). Das Marktwachstum-Marktanteil-Portfolio. Ein Ansatz der Boston Consulting Group. In D. Fink (Hrsg.), Management Consulting Fieldbook. Die Ansätze der großen Unternehmensberater (2. Aufl., S. 27–51). München: Vahlen.

Fink, D. (2004c). Das Marktattraktivität-Wettbewerbsstärke-Portfolio. Ein Ansatz von McKinsey & Company. In D. Fink (Hrsg.), Management Consulting Fieldbook. Die Ansätze der großen Unternehmensberater (2. Aufl., S. 53–74). München: Vahlen.

Fink, D. (2009). Strategische Unternehmensberatung. München: Vahlen.

Freeman, R.E. (1984). Strategic Management. A Stakeholder Approach. Boston: Pitman.

Gelbrich, K. & Müller, S. (2011). Handbuch Internationales Management. München: Oldenbourg.

Goffman, E. (1973). Asyle. Über die soziale Situation psychiatrischer Patienten und anderer Insassen. Frankfurt am Main: Suhrkamp.

Grant, R.M. (2010). Contemporary Strategy Analysis (7th Ed.). Chichester: Wiley.

Grant, R.M. & Nippa, M. (2006). Strategisches Management. Analyse, Entwicklung und Implementierung von Unternehmensstrategien (5. Aufl.). München: Pearson.

Harrington, H.J. & Harrington, J.S. (1996). High Performance Benchmarking. 20 Steps to Success. New York: McGraw-Hill.

Hieke, S. (2009). Der Ressourcenorientierte Ansatz. In M. Schwaiger & A. Meyer (Hrsg.), Theorien und Methoden der Betriebswirtschaft. Handbuch für Wissenschaftler und Studierende (S. 61–82). München: Vahlen.

Hoffjan, A. (2009). Internationales Controlling. Stuttgart: Schäffer-Poeschel.

Holtbrügge, D. & Welge, M.K. (2010). Internationales Management. Theorien, Funktionen, Fallstudien (5. Aufl.). Stuttgart: Schäffer-Poeschel.

Horváth, P. (2011). Controlling (12. Aufl.). München: Vahlen.

Horváth & Partners (Hrsg.). (2004). Balanced Scorecard umsetzen (3. Aufl.). Stuttgart: Schäffer-Poeschel.

Jansen, S.A. (2008). Mergers & Acquisitions. Unternehmensakquisition und -kooperation. Eine strategische, organisatorische und kapitalmarkttheoretische Einführung (5. Aufl.). Wiesbaden: Gabler.

Johnson, G., Scholes, K. & Whittington, R. (2011). Strategisches Management. Eine Einführung. Analyse, Entscheidung und Umsetzung (9. Aufl.). München: Pearson.

Jones, G.R. & Bouncken, R.B. (2008). Organisation. Theorie, Design und Wandel (5. Aufl.). München: Pearson.

Jones, G.R. & Hill, C.W. (2013). Theory of Strategic Management. International Edition (10th Ed.). Hampshire: Cengage.

Jung, H. (2010). Allgemeine Betriebswirtschaftslehre (12. Aufl.): München: Oldenbourg.

Kaplan, R.S. & Norton, D.P. (1997). Balanced Scorecard. Strategien erfolgreich umsetzen. Stuttgart: Schäffer-Poeschel.

Kerth, K. & Asum, H. (2008). Die besten Strategietools in der Praxis (3. Aufl.). München: Hanser.

Kerth, K., Asum, H. & Stich, V. (2011). Die besten Strategietools in der Praxis (5. Aufl.). München: Hanser.

Kim, W.C. & Mauborgne, R. (2005). Der blaue Ozean als Strategie. Wie man neue Märkte schafft, wo es keine Konkurrenz gibt. München: Hanser.

Kotler, P., Armstrong, G., Wong, V. & Saunders, J. (2011). Grundlagen des Marketing (5. Aufl.). München: Pearson.

Kotler, P., Keller, K.L. & Bliemel, F. (2008). Marketing-Management. Strategien für wertschaffendes Handeln (12. Aufl.). München: Pearson.

Kotler, P., Keller, K.L., Brady, M., Goodman, M. & Hansen, T. (2009). Marketing Management. Harlow: Pearson.

Kreuzer, C. (2005). BWL kompakt. Die 100 wichtigsten Themen der Betriebswirtschaft für Praktiker. Wien: Linde.

Kutschker, M. & Schmid, S. (2011). Internationales Management (7. Aufl.). München: Oldenbourg.

Macharzina, K. & Wolf, J. (2012). Unternehmensführung. Das internationale Managementwissen. Konzepte – Methoden – Praxis (8. Aufl.). Wiesbaden: Springer Gabler.

Markowitz, H. (1952). Portfolio Selection. The Journal of Finance, 7 (1), 77-91.

Mieke, C. & Wikarski, D. (2011). Einsatz von Prozessmanagementmethoden im Bereich von Prozessinnovationen am Beispiel von Benchmarking 3.0. In C. Mieke & S. Behrens (Hrsg.), Umfeldorientiertes Wertschöpfungsmanagement (S. 273–286). Berlin: Logos.

Mintzberg, H., Ahlstrand, B. & Lampel, J. (2012). Strategy Safari. Der Wegweiser durch den Dschungel des strategischen Managements (2. Aufl.). München: FinanzBuch.

Müller, S. & Gelbrich, K. (2014). Interkulturelle Kommunikation. München: Vahlen.

Müller-Stewens, G. & Lechner, C. (2011). Strategisches Management. Wie strategische Initiativen zum Wandel führen (4. Aufl.). Stuttgart: Schäffer-Poeschel.

Nagel, M. (2006). Wie erfolgreiche Retail Leader die Zukunft sehen. Absatzwirtschaft – Zeitschrift für Marketing, 49 (2), 50–52.

Nagel, M. (2007a). Global Market Expansion. Strategien, Methoden und Tools zur Erschließung von Wachstumsmärkten. Frankfurt am Main: BearingPoint.

Nagel, M. (2007b). Aktuelle geschäftliche Herausforderungen am Beispiel des Retail Business. In F.M. Hein, Elektronische Unternehmenskommunikation. Konzepte und Best Practices zu Kultur und Führung (S. 38–42). Frankfurt am Main: Deutscher Fachverlag.

Nagel, M., Atzberger, M. & Gerling, M. (2006). Retail Leaders 2006. Der Handel auf dem Weg zur Marke. Düsseldorf: Handelsblatt-Verlag.

Nagel, M. & Mieke, C. (2014a). BWL-Methoden. Handbuch für Studium und Praxis. Stuttgart: UTB.

Nagel, M. & Mieke, C. (2014b). Marketing- und Vertriebsmethoden. Konstanz: UVK.

Nagel, R. & Wimmer, R. (2009). Systemische Strategieentwicklung. Modelle und Instrumente für Berater und Entscheider (5. Aufl.). Stuttgart: Schäffer-Poeschel.

Neilson, G.L. & Pasternack, B.A. (2006). Erfolgsfaktor Unternehmens-DNA. Die vier Bausteine für effektive Organisationen. Frankfurt am Main: Campus.

Neubert, M. (2006). Internationale Markterschließung. Vier Schritte zum Aufbau neuer Auslandsmärkte. Landsberg: mi-Fachverlag.

Pascale, R.T. & Athos, A.G. (1981). The Art of Japanese Management. New York: Simon & Schuster.

Perlitz, M. & Schrank, R. (2013). Internationales Management (6. Aufl.). Konstanz: UVK.

Perlmutter, H.V. (1969). The Tortuous Evolution of the Multinational Corporation. Columbia Journal of World Business, 4 (1), 9–18.

Peters, T.J. & Waterman, R.H. (1982). In Search of Excellence. Lessons from America's Best-Run Companies. New York: HarperCollins.

Popper, K.R. (1994). Logik der Forschung (10. Aufl.). Tübingen: Mohr.

Porter, M.E. (2004). Wie die Kräfte des Wettbewerbs Strategien beeinflussen. Harvard Business Manager, 26 (10), 49–61.

Porter, M.E. (2008). Wettbewerbsstrategien. Methoden zur Analyse von Branchen und Konkurrenten (11. Aufl.). Frankfurt am Main: Campus.

Porter, M.E. (2010). Wettbewerbsvorteile. Spitzenleistungen erreichen und behaupten. Frankfurt am Main: Campus.

Posluschny, P. (2012). Prozessmanagement. Kundenorientierung, Modellierung, Optimierung. Konstanz: UVK.

Rehbein, B. & Schwengel, H. (2008). Theorien der Globalisierung. Konstanz: UVK.

Rothfuss, F. (2009). Industrieökonomik und ihre Anwendung in der Betriebswirtschaft. In M. Schwaiger & A. Meyer (Hrsg.), Theorien und Methoden der Betriebswirtschaft. Handbuch für Wissenschaftler und Studierende (S. 41–59). München: Vahlen.

Rothlauf, J. (2009). Interkulturelles Management. Mit Beispielen aus Vietnam, China, Japan, Russland und den Golfstaaten (3. Aufl.). München: Oldenbourg.

Schmid, S. (Hrsg.). (2013a). Strategien der Internationalisierung. Fallstudien und Fallbeispiele (3. Aufl.). München: Oldenbourg.

Schmid, S. (2013b). Internationalisierungsstrategien. Ein Überblick über die zentralen Managemententscheidungen. In S.

Schmid (Hrsg.), Strategien der Internationalisierung. Fallstudien und Fallbeispiele (3. Aufl., S. 3–35). München: Oldenbourg.

Schnell, R., Hill, P.B. & Esser, E. (2011). Methoden der empirischen Sozialforschung (9. Aufl.). München: Oldenbourg.

Schreyögg, G. (2008). Organisation. Grundlagen moderner Organisationsgestaltung (5. Aufl.). Wiesbaden: Gabler.

Schulte-Zurhausen, M. (2010). Organisation (5. Aufl.). München: Vahlen.

Schumpeter, J.A. (2006). Theorie der wirtschaftlichen Entwicklung. Nachdruck der 1. Auflage von 1912. Herausgegeben und ergänzt um eine Einführung von Jochen Röpke und Olaf Stiller. Berlin: Duncker & Humblot.

Siebert, G. & Kempf, S. (2008). Benchmarking. Leitfaden für die Praxis (3. Aufl.). München: Hanser.

Siedenbiedel, G. (2008). Internationales Management. Einflussgrößen – Erfolgskriterien – Konzepte. Stuttgart: Lucius & Lucius.

Simon, H. & Gathen, A. von der (2010). Das große Handbuch der Strategieinstrumente. Werkzeuge für eine erfolgreiche Unternehmensführung (2. Aufl.). Frankfurt am Main: Campus.

Stapenhurst, T. (2009). The Benchmarking Book. Oxford: Butterworth-Heinemann.

Thommen, J.P. (2008). Lexikon der Betriebswirtschaft. Managementkompetenz von A bis Z (4. Aufl.). Zürich: Versus.

Thommen, J.P. & Achleitner, A.K. (2012). Allgemeine Betriebswirtschaftslehre. Umfassende Einführung aus managementorientierter Sicht (7. Aufl.). Wiesbaden: Springer Gabler.

Trout, J. (2004). Trout über Strategie. Wie Sie die Köpfe der Verbraucher und damit die Märkte erobern. Wien: Linde.

Trout, J., Rivkin, S. & Wied, L. (2009). Differenzierung im Hyperwettbewerb. Der Schlüssel für das Überleben von Marken (2. Aufl.). München: mi-Wirtschaftsbuch.

Vahs, D. (2012). Organisation. Ein Lehr- und Managementbuch (8. Aufl.). Stuttgart: Schäffer-Poeschel.

Vahs, D. & Schäfer-Kunz, J. (2012). Einführung in die Betriebswirtschaftslehre (6. Aufl.). Stuttgart: Schäffer-Poeschel.

Welge, M.K. & Al-Laham, A. (2012). Strategisches Management. Grundlagen – Prozess – Implementierung (6. Aufl.). Wiesbaden: Springer Gabler.

Wernerfelt, B. (1984). A Resource-Based View of the Firm. Strategic Management Journal, 5 (2), 171-180.

Wirtz, B.W. (2012). Mergers & Acquisitions Management. Strategie und Organisation von Unternehmenszusammenschlüssen (2. Aufl.). Wiesbaden: Springer Gabler.

Wöhe, G. & Döring, U. (2013). Einführung in die Allgemeine Betriebswirtschaftslehre (25. Aufl.). München: Vahlen.

Wright, T.P. (1936). Factors Affecting the Cost of Airplanes. Journal of Aeronautical Sciences, 3 (4), 122-128.

Zairi, M. (1998). Effective Management of Benchmarking Projects. Practical guidelines and examples of best practice. Oxford: Butterworth-Heinemann.

Stichwortverzeichnis